高等教育公共课精品教材
新时代课程思政建设配套教材

信息技术（基础模块）

（思政课+精品微课）

主　编：叶碧洲　丁雄伟　王文政
副主编：常红梅　李艳霞　杜海英　高　波

● 思政课程　　● 互联网+　　● 配套教学资源包

北京体育大学出版社

策划编辑： 韩培付

责任编辑： 米　安

责任校对： 韩培付

图书在版编目（CIP）数据

信息技术：基础模块 / 叶碧洲，丁雄伟，王文政主
编. — 北京 ：北京体育大学出版社，2023.9
　　ISBN 978-7-5644-3896-8

　　Ⅰ. ①信… Ⅱ. ①叶… ②丁… ③王… Ⅲ. ①电子计
算机－高等职业教育－教材 Ⅳ. ①TP3

中国国家版本馆 CIP 数据核字(2023)第 175481 号

信息技术（基础模块）
XINXI JISHU(JICHU MOKUAI)　　　　　　　主　编　叶碧洲　丁雄伟　王文政

出版发行： 北京体育大学出版社
地　　址： 北京市海淀区农大南路 1 号院 2 号楼 2 层楼办公 B-212
邮　　编： 100084
网　　址： http://cbs.bsu.edu.cn
发 行 部： 010-62989320
邮 购 部： 北京体育大学出版社读者服务部 010-62989432
印　　刷： 三河市龙大印装有限公司
开　　本： 880mm×1230mm　　　1/16
成品尺寸： 210mm×285mm
印　　张： 13.5
字　　数： 380 千字
版　　次： 2023 年 9 月第 1 版
印　　次： 2023 年 9 月第 1 次印刷
定　　价： 48.00 元

信息技术课程是高等职业教育各专业学生必修的公共基础课程。信息技术教学是我国建设创新型国家、制造强国、网络强国的重要推动力量。学生通过学习信息技术课程，能够增强信息意识、提升计算思维、促进数字化创新与发展能力、树立当代信息社会正确的社会价值观和责任感，为其职业发展、终身学习奠定基础。

本书以教育部《高等职业教育专科信息技术课程标准(2021年版)》为依据，结合高等职业教育的教学特点，由教授信息技术课程的一线教师根据多年的教学经验编写而成。

本书按照项目引领、任务驱动的方式组织内容，包括文档处理、电子表格处理、演示文稿制作、信息检索、新一代信息技术概述、信息素养与社会责任六个项目，内容涵盖 Word 2016、Excel 2016、PowerPoint 2016 的使用，搜索引擎使用技巧，专用平台信息检索，新一代信息技术的基本概念、技术特点和典型应用，信息素养，信息技术发展与信息安全，信息伦理与职业行为自律，等等。每个项目中有若干个教学任务，内容全面，循序渐进，典型实用，可以帮助读者在最短的时间内熟练掌握信息技术的基础知识及基本操作。

在教学任务中，设置了"任务描述""任务解析""任务实现""必备知识""训练任务"等模块，以便引导读者拓宽知识面，总结和强化所学知识。本书在编排上对相关任务案例进行了有针对性的归类，并通过图文并茂的形式详细介绍了案例的实现过程，使读者阅读和学习时条理清晰，易于融会贯通，从而提高学习效率。

由于信息技术发展迅猛，加之编者水平有限，书中难免有疏漏之处，敬请广大读者批评指正。

编 者

CONTENTS

目 录

项目一

文档处理

项目导读

　　Word 文档的主要作用是处理文字以及制作简单的表格与图形，一般来说，制作 Word 文档需要掌握以下知识点。

　　(1)文档的基本操作。

　　(2)文本的录入技巧。

　　(3)文本的字体格式、段落格式等设置。

　　(4)长文档的制作。

　　各个知识点环环相扣，只要操作得当，就可以做到文档条理明晰、便于阅读。人们工作和生活中常见的 Word 文档有公司通知、公司简介、员工登记表、企业文化建设分析等。本项目通过多个典型案例，系统介绍制作 Word 文档时需要掌握的具体操作方法。

任务一　制作国庆放假通知

在 Word 中制作基础文档时，首先需要输入文本，然后对文本的字体格式、段落格式进行设置，以达到美化文档的效果。

任务描述

本任务是制作某公司的国庆放假通知，公司的放假通知通常言简意赅，需要根据国家规定的时间，结合企业自身的特性来制定，最后直接打印出来贴在公示栏上。

任务解析

（1）输入文本内容。
（2）输入特殊字符和日期。
（3）设置字体格式。
（4）设置段落格式。
（5）保存与保护文档。

任务实现

★ 微视频

制作国庆放假通知

一、输入文本内容

文本是 Word 文档最基本的组成部分。常见的文本通常是指通过键盘可以直接输入的汉字、英文、标点符号和阿拉伯数字等。在 Word 中输入普通文本的方法比较简单，只需将光标定位到需要输入文本的位置，切换到需要的输入法，然后通过键盘直接输入即可，其具体操作步骤如下。

（1）启动 Word 2016 软件，软件将自动新建一个空白文档。

（2）切换到中文输入法，在新建的 Word 文档中输入标题"国庆放假通知"，如图 1-1 所示。

（3）按两次 Enter 键将光标定位到第 3 行，输入"全体员工"，如图 1-2 所示。

图 1-1　输入标题

图 1-2　输入文本

（4）按 Shift＋；组合键，输入冒号，即符号"："，如图 1-3 所示。

（5）按 Enter 键切换到下一行，继续输入其他文本，如图 1-4 所示。

图 1-3　输入冒号

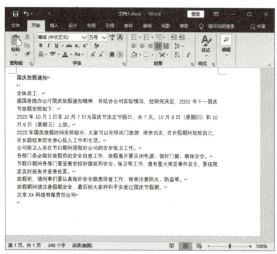

图 1-4　输入其他文本

二、输入特殊字符和日期

在制作 Word 文档的过程中，有时需要输入一些特殊的图形化的符号使文档条理化；通过中文和数字的结合还可以输入日期和时间，具体的操作步骤如下。

(1)在"国庆放假通知"文档中，将光标定位到正文第 3 段文本的开始处，在"插入"｜"符号"组中单击"符号"下拉按钮，在打开的列表中选择"其他符号"选项，如图 1-5 所示。

(2)打开"符号"对话框，在"子集"下拉列表框中选择"几何图形符"选项，在下面的列表框中选择需要插入的符号"○"，单击"插入"按钮，如图 1-6 所示。

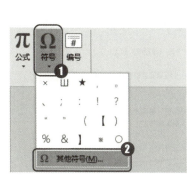

图 1-5　选择"其他符号"选项

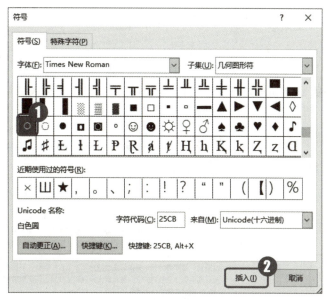

图 1-6　"符号"对话框

(3)将光标定位到正文第 4 段的开始处，再次单击"插入"按钮，继续插入符号"○"，如图 1-7 所示。

(4)使用相同的方法，在剩余需要插入符号的段落前继续添加符号"○"，完成该符号的所有插入操作后，单击"关闭"按钮，关闭"符号"对话框，完成符号插入，如图 1-8 所示。

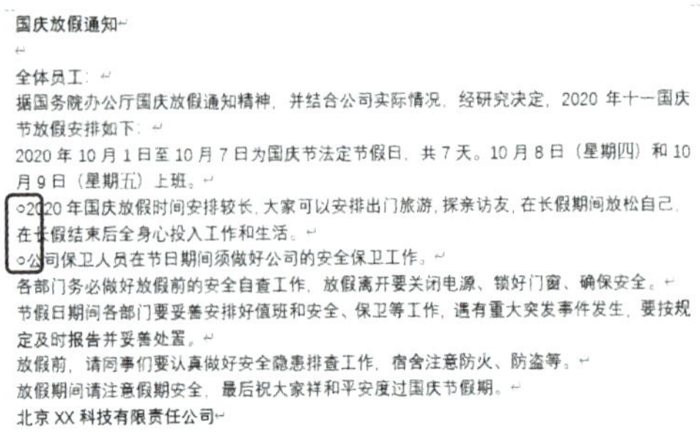

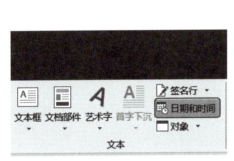

国庆放假通知

全体员工：
据国务院办公厅国庆放假通知精神，并结合公司实际情况，经研究决定，2020 年十一国庆节放假安排如下：
2020 年 10 月 1 日至 10 月 7 日为国庆节法定节假日，共 7 天。10 月 8 日（星期四）和 10 月 9 日（星期五）上班。
○2020 年国庆放假时间安排较长，大家可以安排出门旅游，探亲访友，在长假期间放松自己，在长假结束后全身心投入工作和生活。
○公司保卫人员在节日期间须做好公司的安全保卫工作。
各部门务必做好放假前的安全自查工作，放假离开要关闭电源、锁好门窗，确保安全。
节假日期间各部门要妥善安排好值班和安全、保卫等工作，遇有重大突发事件发生，要按规定及时报告并妥善处置。
放假前，请同事们要认真做好安全隐患排查工作，宿舍注意防火、防盗等。
放假期间请注意假期安全，最后祝大家祥和平安度过国庆节假期。
北京 XX 科技有限责任公司

图 1-7　插入符号

国庆放假通知

全体员工：
据国务院办公厅国庆放假通知精神，并结合公司实际情况，经研究决定，2020 年十一国庆节放假安排如下：
2020 年 10 月 1 日至 10 月 7 日为国庆节法定节假日，共 7 天。10 月 8 日（星期四）和 10 月 9 日（星期五）上班。
○2020 年国庆放假时间安排较长，大家可以安排出门旅游，探亲访友，在长假期间放松自己，在长假结束后全身心投入工作和生活。
○公司保卫人员在节日期间须做好公司的安全保卫工作。
○各部门务必做好放假前的安全自查工作，放假离开要关闭电源、锁好门窗，确保安全。
○节假日期间各部门要妥善安排好值班和安全、保卫等工作，遇有重大突发事件发生，要按规定及时报告并妥善处置。
○放假前，请同事们要认真做好安全隐患排查工作，宿舍注意防火、防盗等。
○放假期间请注意假期安全，最后祝大家祥和平安度过国庆节假期。
北京 XX 科技有限责任公司

图 1-8　完成符号插入效果

（5）将光标定位到最后一行文本右侧，按 Enter 键换行，在“插入”｜“文本”组中单击“日期和时间”按钮，如图 1-9 所示。

（6）打开“日期和时间”对话框，在“语言（国家/地区）”下拉列表框中选择“中文（中国）”，在“可用格式”列表框中选择一种日期和时间的格式，单击“确定”按钮，如图 1-10 所示。

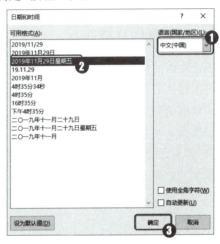

图 1-9　单击“日期和时间”按钮

图 1-10　选择日期和时间格式

（7）返回 Word 文档，修改日期和时间内容，查看插入日期和时间的效果，如图 1-11 所示。

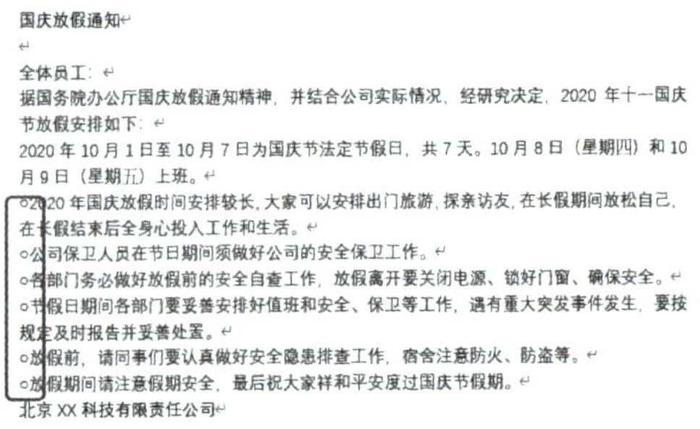

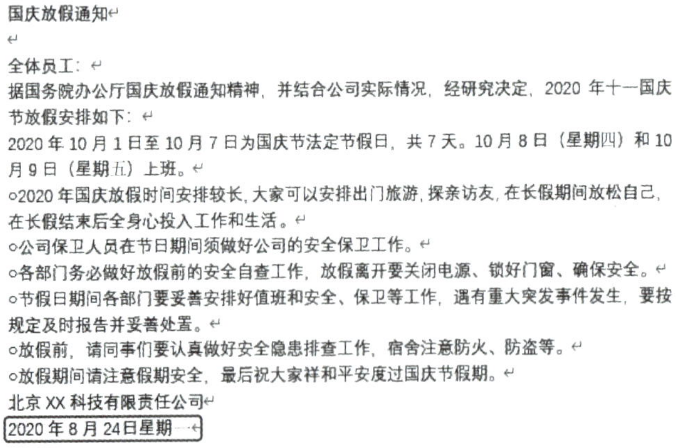

国庆放假通知

全体员工：
据国务院办公厅国庆放假通知精神，并结合公司实际情况，经研究决定，2020 年十一国庆节放假安排如下：
2020 年 10 月 1 日至 10 月 7 日为国庆节法定节假日，共 7 天。10 月 8 日（星期四）和 10 月 9 日（星期五）上班。
○2020 年国庆放假时间安排较长，大家可以安排出门旅游，探亲访友，在长假期间放松自己，在长假结束后全身心投入工作和生活。
○公司保卫人员在节日期间须做好公司的安全保卫工作。
○各部门务必做好放假前的安全自查工作，放假离开要关闭电源、锁好门窗，确保安全。
○节假日期间各部门要妥善安排好值班和安全、保卫等工作，遇有重大突发事件发生，要按规定及时报告并妥善处置。
○放假前，请同事们要认真做好安全隐患排查工作，宿舍注意防火、防盗等。
○放假期间请注意假期安全，最后祝大家祥和平安度过国庆节假期。
北京 XX 科技有限责任公司
2020 年 8 月 24 日星期一

图 1-11　插入日期和时间

三、设置字体格式

对于商务办公来说，需要对 word 文档中的文字进行设计，如改变字体、字号、颜色等，使文档条理清晰、主次分明。在 Word 2016 中，可以通过“字体”组设置字体格式。下面介绍设置字体格式的具体操作方法。

（1）选择标题文本，在"开始"｜"字体"组的"字体"下拉列表框中选择"方正大标宋简体"选项，如图 1-12 所示。

（2）在"字体"组的"字号"下拉列表框中选择"小二"选项，如图 1-13 所示。

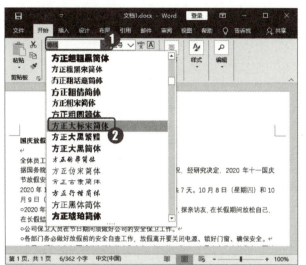

图 1-12 选择字体

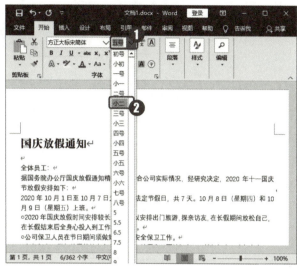

图 1-13 选择字号

（3）在"字体"组中单击字体颜色下拉按钮，在打开的下拉列表的"标准色"栏中选择蓝色色块选项，如图 1-14 所示。

（4）选择正文文本，在"字体"选项卡中，设置字体格式为中文字体：宋体，西文字体：Times New Roman，字号：五号，字体颜色：黑色，效果如图 1-15 所示。

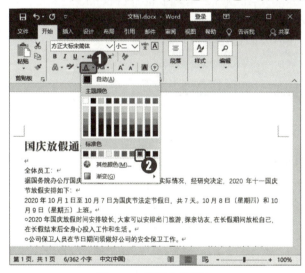

图 1-14 选择字体颜色

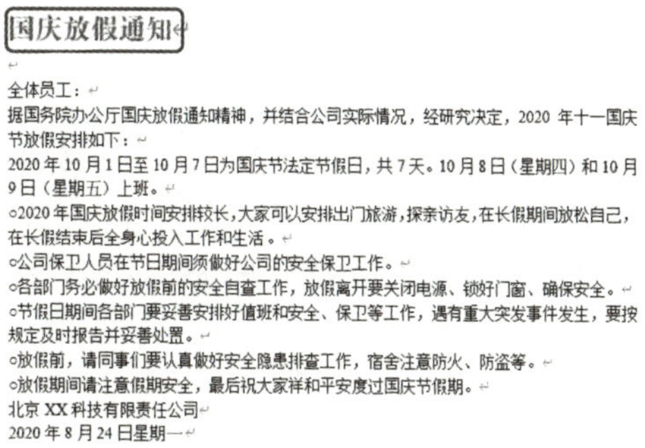

图 1-15 设置正文字体格式

四、设置段落格式

除了对文档中的字体格式进行设置外，有时也需要对段落进行格式设置，如设置对齐方式、段落缩进、行距、段间距，以及添加项目符号或编号等。设置段落格式，可使文档的版式清晰且便于阅读。下面介绍设置段落格式的相关操作方法。

（1）选择标题文本，在"开始"｜"段落"组中，单击"居中"按钮，居中对齐标题文本，如图 1-16 所示。

（2）选择最后两行文本，在"开始"｜"段落"组中，单击"右对齐"按钮，右对齐最后两行文本，如图 1-17 所示。

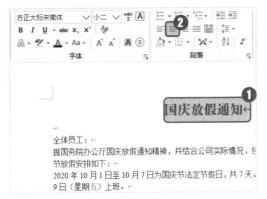

图 1-16　居中对齐标题文本　　　　　　　图 1-17　右对齐最后两行文本

（3）选择除称呼外的正文文本，在"开始"｜"段落"组中，单击右下角的"段落设置"按钮，打开"段落"对话框，在"缩进"选项组的"特殊"下拉列表框中选择"首行"选项，在"缩进值"数值框中输入"2 字符"，单击"确定"按钮，如图 1-18 所示。

（4）设置正文文本段落缩进效果如图 1-19 所示。

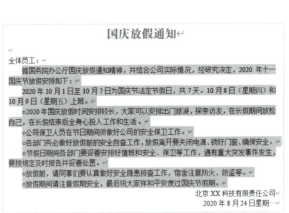

图 1-18　设置段落缩进参数　　　　　　图 1-19　正文段落缩进效果

（5）选择所有正文文本，在"开始"｜"段落"组中，单击"行和段落间距"下拉按钮，打开下拉列表，选择"1.5"选项，如图 1-20 所示。

（6）设置正文文本段落间距效果如图 1-21 所示。

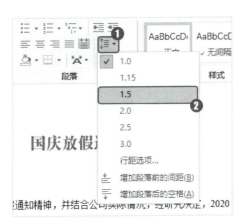

图 1-20　选择"1.5"选项　　　　　　　图 1-21　正文文本段落间距效果

五、保存与保护文档

商务办公中经常会涉及很多机密性的文档，因此需要使用 Word 文档的保存和保护功能，以防无操作权限的人员随意打开。

（1）单击 Word 文档工作界面左上角快速访问工具栏中的"保存"按钮，在打开的界面左侧选择"另存为"选项，在右侧的面板中选择"浏览"选项，如图 1-22 所示。

（2）打开"另存为"对话框，选择文档在计算机中的保存位置，在"文件名"文本框中输入"国庆放假通知"，单击"保存"按钮，如图 1-23 所示，完成操作后，该文档的名称会变成设置后的文档名。

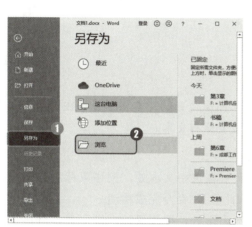

图 1-22　选择"保存"选项　　　　　　　　　图 1-23　设置保存路径和名称

（3）单击 Word 文档工作界面左上角的"文件"按钮，在打开的界面左侧选择"信息"选项，在中间的"信息"栏中单击"保护文档"下拉按钮，在打开的下拉列表中选择"用密码进行加密"选项，如图 1-24 所示。

（4）打开"加密文档"对话框，在"密码"文本框中输入"123456"，单击"确定"按钮，如图 1-25 所示。

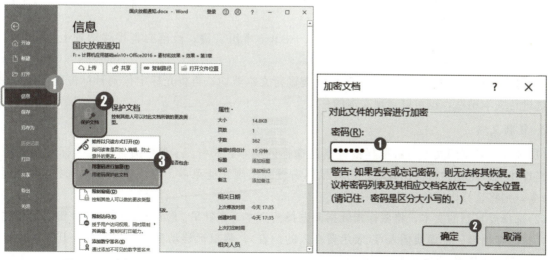

图 1-24　选择"用密码进行加密"选项　　　　　图 1-25　输入密码

（5）打开"确认密码"对话框，在"重新输入密码"文本框中输入前一步骤设置的密码，单击"确定"按钮，如图 1-26 所示。

（6）加密生效后，当再次打开该加密文档时，系统将首先打开"密码"对话框，需要在文本框中输入正确的密码，单击"确定"按钮，才能打开该文档，如图 1-27 所示。

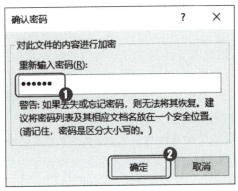

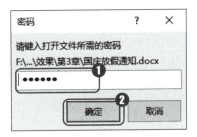

图 1-26　重新输入密码　　　　　　　　图 1-27　打开加密文档

必备知识

一、移动与复制文本

移动文本是将文本内容从一个位置移动到另一个位置，而原位置的文本将不复存在；复制文本则用于将现有文本复制到文档的其他位置或其他文档中，不改变原有文本。

1. 移动文本

（1）使用鼠标选中想要移动的文本，然后将鼠标指针放置在选中文本处，按住鼠标右键不放拖动到目标位置，松开鼠标右键，弹出快捷菜单，选择"移动到此位置"命令完成移动。

（2）选中想要移动的文本，将鼠标指针放置在选中文本阴影处，按住鼠标左键不放，直接拖动到目标位置松开即可。

（3）选中想要移动的文本，然后按 F2 键，将光标移动到目标位置，再按 Enter 键完成。

（4）选中想要移动的文本信息，然后按住 Ctrl 键不放，直接将光标移动到目标位置，单击鼠标右键完成。

（5）选中要移动的段落文本，然后按 Shift＋Alt＋↓组合键，段落会直接移动到下一个段落的后面，每按一次↓键，移动一个段落。

（6）选中要移动的段落文本，然后按 Shift＋Alt＋↑组合键，段落会直接移动到上一个段落的前面，每按一次↑键，移动一个段落。

（7）选中要移动的文本，按 Ctrl＋X 组合键进行文本剪切，再将光标定位到目标位置，按 Ctrl＋V 组合键进行文本粘贴，也可以实现文本的移动。

2. 复制文本

（1）选择要复制的文本，将鼠标指针指向选择的文本，指针呈 ⇗ 形状时，按住鼠标右键并拖动鼠标，当虚线插入点到达目标位置后，松开鼠标右键会出现快捷菜单，在快捷菜单中选择"复制到此位置"命令，则将选择内容移动到目标位置。

（2）选择要复制的文本，将鼠标指针指向选择的文本，指针呈 ⇗ 形状时，按住 Ctrl 键，再按住鼠标左键，这时会出现一个虚线插入点（表示要插入的位置），将鼠标移动到目标位置后松开鼠标左键，再松开 Ctrl 键，在新位置会出现复制的文本。

（3）选择要复制的文本，单击"剪贴板"组中的"复制"按钮，则选择的文本将存放到剪贴板中，把插入点移动到想粘贴的位置，单击"剪贴板"组中的"粘贴"按钮，则存放在剪贴板中的内容会被粘贴到新位置，如图 1-28 所示。

图1-28 "剪贴板"面板

（4）选择要复制的文本，按 Ctrl＋C 组合键进行文本复制，把插入点移动到想粘贴的位置，按 Ctrl＋V 组合键进行文本粘贴即可。

二、查找和替换文本

1. 查找文本

（1）单击"开始"选项卡"编辑"组中的"查找"按钮，打开"导航"窗格，如图1-29所示。

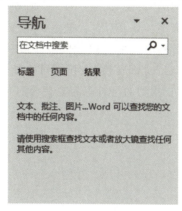

图1-29 "导航"窗格

（2）在"导航"窗格的文本框中输入要查找的内容。

（3）在"导航"窗格中将以浏览方式显示所有包含查找内容的片段，同时查找到的匹配内容会在文档中以黄色底纹标识。

2. 高级查找

（1）单击"开始"选项卡"编辑"组中的"查找"下拉按钮，在下拉列表中选择"高级查找"选项，打开"查找和替换"对话框，如图1-30所示。

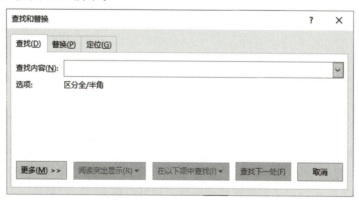

图1-30 "查找和替换"对话框

（2）在"查找和替换"对话框的"查找内容"列表框中输入要查找的文本，如"剪辑"。

（3）单击"查找下一处"按钮，则开始在文档中查找相应文本。

此时，Word 文档自动从当前光标处开始向下搜索文档，查找字符串"剪辑"。如果直到文档结尾都没有找到字符串"剪辑"，则继续从文档开始处查找，直到当前光标处为止。查找到字符串"剪辑"后，光标停在找出的文本位置，并使其置于选中状态，这时在"查找和替换"对话框外单击，就可以对该文本进行编辑。

3. 查找特殊格式的文本

（1）单击"开始"选项卡"编辑"组中的"查找"下拉按钮，在下拉列表中选择"高级查找"选项，打开"查找和替换"对话框。

（2）在"查找内容"列表框内输入要查找的文字，如"文档"。

（3）单击"更多"按钮，单击"格式"按钮，在下拉列表中选择"字体"选项，在"查找字体"对话框中设置查找文本的格式，如"隶书，四号"，最后单击"确定"按钮。

（4）单击"查找下一处"按钮，则开始在文档中查找格式是"隶书，四号"的"文档"两个字。

4. 替换文本

（1）单击"开始"选项卡"编辑"组中的"替换"按钮，打开"查找和替换"对话框。

（2）在"查找内容"列表框内输入文字，如"中国"。

（3）在"替换为"列表框内输入要替换的文字，如"中华人民共和国"，如图 1-31 所示。如果确定要将查找到的所有字符串进行替换，单击"全部替换"按钮即可。如果不是将查找到的字符串全部替换，则应先单击"查找下一处"按钮，直到查找到的字符串需要替换时再单击"替换"按钮进行替换，否则继续单击"查找下一处"按钮。

图 1-31 "替换"选项卡

三、文本样式

文本样式是指一组已经命名的字体格式和段落格式。在编辑文档的过程中，正确设置和使用文本样式可以极大地提高工作效率。

1. 应用预设样式

Word 2016 系统提供了一个样式库，用户可以使用"样式"列表框中的样式设置文档格式。除了利用"样式"列表框之外，还可以利用"样式"窗格应用预设样式。在"样式"组中单击"样式"按钮，打开"样式"窗格，如图 1-32 所示。如果要设置样式参数，则可以单击"选项"链接，打开"样式窗格选项"对话框，如图 1-33 所示，设置样式、排序方式等参数。

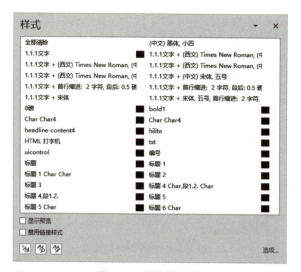

图 1-32　"样式"窗格

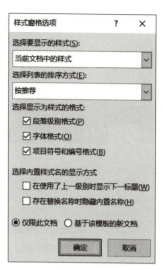

图 1-33　"样式窗格选项"对话框

2. 自定义样式

除了直接使用样式库中的样式外，还可以自定义新的样式或者修改原有样式。单击"样式"列表框右下角的下拉按钮，打开下拉列表，选择"创建样式"命令，即可新建样式。

如果要修改样式，则可以在"样式"列表框中选择需要修改的样式，右击打开快捷菜单，选择"修改"命令，如图 1-34 所示，打开"修改样式"对话框，修改参数。

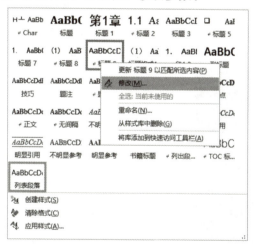

图 1-34　选择"修改"命令

四、保存文档

对于编辑好的文档，还需要及时进行保存和关闭操作，这样不仅可以避免由于计算机死机、断电等外在因素和突发状况而造成的文档丢失，还可以提高计算机的运行速度。保存 Word 文档有以下几种方法。

1. 手动保存文档

手动保存文档可以分为保存新建文档和保存已有文档。

在新文档中输入一些内容后，单击快速访问工具栏中的"保存"按钮，打开"另存为"对话框，设置好文档的保存路径和文件名，单击"保存"按钮即可保存新建文档。

如果对已经保存过的文档做了修改，可以按照以下几种方法保存修改后的文档。

(1)单击快速访问工具栏中的"保存"按钮，如图 1-35 所示。

（2）选择"文件"界面左侧的"保存"命令，如图 1-36 所示。

图 1-35　单击"保存"按钮

图 1-36　选择"保存"命令

（3）按 Ctrl＋S 组合键。

执行以上任意一种操作后，修改后的文档内容都会被保存下来，但原文档的内容会被覆盖。

2. 另存文档

如果想保存修改后的文档，又不想覆盖原文档的内容，可以把修改后的文档当作一个副本保存，同时还可以另存为其他格式的文档。为文档保存一个副本，就是把该文档以另外一个名称或路径保存，而原来的文档仍然以之前的名称存在。

另存文档的方法很简单，单击"文件"按钮，进入"文件"界面，选择"另存为"命令，如图 1-37 所示。打开"另存为"对话框，设置好文档的保存路径和文件名，单击"保存"按钮即可。Word 就会把文档以另外一个名称保存，而原来的那个文档仍然保存在原来的位置且没有被修改。

图 1-37　选择"另存为"命令

3. 自动保存文档

除了手动保存和另存文档外，Word 还具有很重要的自动保存文档功能，即每隔一段时间会自动对文档进行一次保存。这项功能可以有效地避免因停电、死机等意外事故而造成的文件丢失。自动保存功能的保存时间间隔可以由用户设置。

单击"文件"按钮，进入"文件"界面，选择"选项"选项，打开"Word 选项"对话框，在左侧列表框中选择"保存"选项，在右侧"保存文档"选项组中勾选"保存自动恢复信息时间间隔"复选框，并设置其时间参数即可，如图 1-38 所示。

图 1-38 设置文档自动保存参数

五、保护文档

保护文档的目的是防止他人随意打开或修改文档。如果与其他用户共享文件或计算机，则需要设置文档保护。用户可以通过选择以只读方式或副本方式打开文档、为文档设置密码、启动强制保护来对文档进行保护。

1. 以只读方式或副本方式打开文档

默认情况下，Word 是以读写方式打开文档的，为了保护文档不被修改，用户还可以以只读方式或副本方式打开文档。以只读方式打开文档时，可以保护原文档不被修改，即使用户修改了文档，Word 也不允许以原来的名称和路径保存；以副本方式打开文档，是指在原文档所在的文件夹中创建并打开一个副本，用户必须对该文档所在的文件夹具有读写权，对副本的任何修改都不会影响原文档。

以只读方式打开文档的方法很简单，在"文件"界面中选择"打开"命令，打开"打开"对话框，找到要以只读方式打开的文档并将其选中，单击"打开"按钮右侧的下拉按钮，弹出打开方式列表，如图 1-39 所示，从中选择"以只读方式打开"选项，此时文档会以只读方式打开；若想以副本方式打开，则选择"以副本方式打开"选项即可。

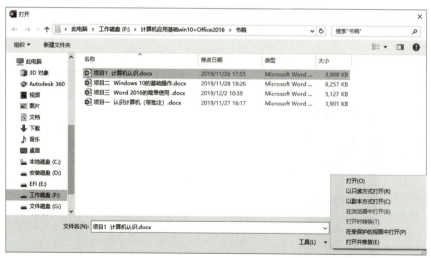

图 1-39 "打开"对话框

2. 为文档设置密码

为 Word 文档设置密码可以控制其他人对文档的访问，防止对文档进行未经授权的查阅和修改。密码分为打开文档时的密码和修改文档时的密码。记下打开文档时的密码并将其保存在安全的地方十分重要。

　　为 Word 文档设置密码的方法很简单，单击"文件"按钮，进入"文件"界面，选择"信息"选项，单击"保护文档"下拉按钮，在打开的下拉列表中，选择"用密码进行加密"选项即可，如图 1-40 所示。

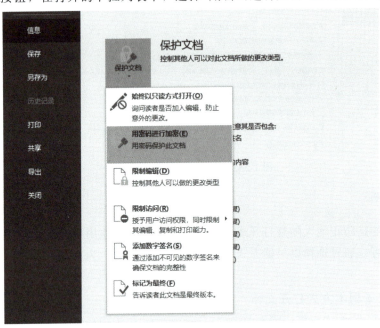

图 1-40　选择"用密码进行加密"选项

3. 启动强制保护

　　用户可以通过设置 Word 文档的编辑权限，启动文档的强制保护功能来保护文档的内容不被修改。

　　单击"文件"按钮，进入"文件"界面，选择"信息"选项，单击"保护文档"下拉按钮，在打开的下拉列表中，选择"限制编辑"选项即可设置文档的编辑权限。

六、打印文档

　　Word 文档制作完成后，可能要打印分发给众人查看。为了避免打印文档时出错，在打印文档前一定要先预览文档的打印效果，当调整好打印效果后再打印，以满足不同用户、不同场合的打印需求。

　　(1)在 Word 工作界面中单击"文件"按钮，在打开的界面中选择"打印"选项，如图 1-41 所示。

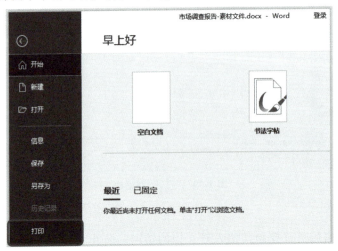

图 1-41　选择"打印"选项

（2）在"打印"界面的"份数"数值框中输入打印份数，在"设置"选项组的第一个下拉列表框中选择"打印所有页"选项，如图1-42所示。

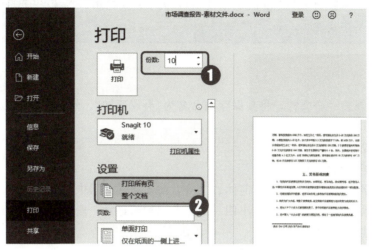

图 1-42　设置打印份数和页数

（3）在"设置"选项组的其他下拉列表框中设置打印的方式、顺序、页面和方向等，如图1-43所示。
（4）在"打印"按钮下方的"打印机"下拉列表框中选择进行打印的打印机，如图1-44所示。

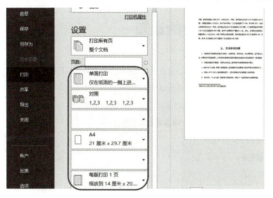

图 1-43　设置其他选项

图 1-44　选择打印机

（5）在"打印"任务窗格的右侧预览文档的打印效果，在"打印"任务窗格中单击"打印"按钮，即可对文档进行打印，如图1-45所示。

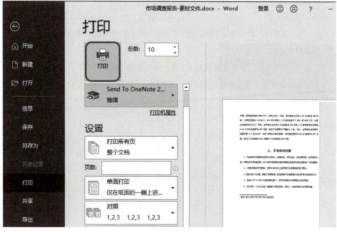

图 1-45　打印预览及打印

> **提示**
>
> 在"设置"选项组中的"页数"数值框中可设置打印的页数范围。隔页之间用半角逗号分隔，如"2,5"；连页之间用半字线连接，如"3-7"。

训练任务

在素材文件夹中新建一个文档，将其保存并命名为"会议通知"，然后对文档效果进行编辑操作。具体要求如下。

(1)新建并保存 Word 文档。

(2)添加标题、正文和日期文本。

(3)设置标题的字体格式为方正粗宋简体、二号，段落格式为居中对齐。

(4)设置正文文本的字体格式为宋体小四，部分文本加粗显示，段落格式为两端对齐。

(5)为文本添加编号。

(6)为文档添加密码，密码为"123456"。

会议通知的最终效果如图 1-46 所示。

关于召开公司经营管理
研讨及经验交流会的通知

各分公司经理和部门经理：

为进一步加强公司的经营管理，经公司经理办公会决定召开一次关于如何加强公司经营管理的研讨及经验交流会，届时还将邀请到商务部领导及管理学专家作报告。各经理要通过此次会议，查找工作不足、总结管理经验、强化发展共识、明确责任事项，为实现企业快速发展、科学发展、和谐发展奠定基础。

一、会议时间：**2020 年 10 月 15 日**

二、会议地点：**公司第一会议室**

三、会议主要内容

1、各位经理提出经营管理的想法或提出公司目前管理方法的不足及改进方案；

2、各位经理积极说出管理的经验，大家互相交流、学习；

3、领导及专家作指导报告。

四、**参加会议人员：公司领导、各分公司经理、部门经理**

五、**有关要求**

1、请参会人员安排好工作，准时参加会议，无特殊情况不得请假，不到者后果自负。

2、公司各部门要高度重视此项工作，认真交流、积极讨论。工作安排要站在加强自身建设、提高管理经营能力，结合部门优势和业务特点，创新性地开展管理经营工作。

XX 公司经理办公室

2020 年 10 月 10 日

图 1-46　会议通知的最终效果

任务二 制作公司简介

在 Word 文档中进行文档的编辑工作，首先要学会使用"图片"和"艺术字"美化文档，然后插入和编辑形状、SmartArt 图形，最后对文本框进行添加和修饰操作。

 **任务描述**

本任务是制作某科技有限公司的公司简介。大多公司都有自己的简介，用于将公司的营业性质和营业内容简单介绍给客户和受众，让对方初步了解公司的基本情况。

任务解析

(1)插入图片。
(2)更改图片大小、环绕方式和样式。
(3)插入并编辑艺术字。
(4)绘制形状，并编辑形状样式、在形状中输入文字。
(5)插入 SmartArt 图形，并更改图形中的形状级别和数量，输入文字。
(6)更改 SmartArt 图形样式和布局。

 **任务实现**

★ 微视频

制作公司简介

一、使用图片美化文档

在 Word 文档中插入图片，既可以美化文档页面，又可以帮助读者通过图片充分了解作者的意图。下面详细介绍在 Word 文档中插入与编辑图片的方法。

(1)将光标定位到第 2 个空行，在"插入"|"插图"组中单击"图片"按钮，如图 1-47 所示。
(2)打开"插入图片"对话框，选择素材图片"公司 Logo.png"，单击"插入"按钮，如图 1-48 所示。

图 1-47 单击"图片"按钮

图 1-48 选择图片

(3)选中插入的图片，其四周将显示 8 个控制点，将鼠标指针移动到右下角的控制点上，鼠标指针变成双箭头形状，按住鼠标左键不放，向左上方拖动到合适位置后释放鼠标，即可将图片缩小，如图 1-49 所示。

（4）选中图片，在"图片工具"|"格式"|"大小"组的"形状宽度"数值框中输入"4 厘米"，按 Enter 键，也可自动按比例调整图片大小，如图 1-50 所示。

图 1-49　通过鼠标拖动调整图片大小　　　　　　图 1-50　通过"大小"组调整图片大小

（5）选中图片，在"图片工具"|"格式"|"排列"组中单击"位置"下拉按钮，在下拉列表的"文字环绕"栏中选择"底端居右，四周型文字环绕"选项，如图 1-51 所示。

（6）调整完毕后图片的位置如图 1-52 所示。

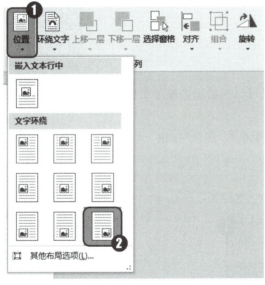

图 1-51　选择布局　　　　　　　　　　　　图 1-52　调整完毕后图片的位置

🔊 提示

选中图片后，单击图片右侧的浮动"布局选项"按钮，可快速设置布局。

（7）选中图片，在"图片样式"组中单击"图片边框"下拉按钮，在打开的下拉列表中选择"浅蓝"选项，如图 1-53 所示。

（8）单击"图片效果"下拉按钮，在打开的下拉列表中选择"阴影"选项，在子列表的"外部"栏中，选择"偏移：下"选项，如图 1-54 所示。

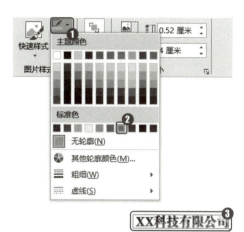

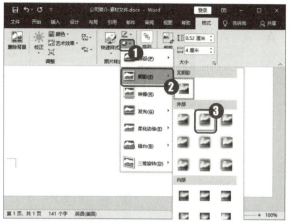

图 1-53　设置图片边框　　　　　　　　　　图 1-54　设置图片效果

🔊 **提示**

通过"图片工具"|"格式"|"图片样式"组的"快速样式"选项，可以快速设置图片样式。

🍎 二、插入艺术字

使用艺术字，不仅可以美化文档，还能使表达的信息得到充分的传递。Word 2016 中提供了多种艺术字样式，用户可以根据实际情况选择合适的艺术字来美化文档。在 Word 文档中插入艺术字的具体操作步骤如下。

（1）在"插入"|"文本"组中单击"艺术字"下拉按钮，在下拉列表中选择"填充-蓝色，着色 1，轮廓－背景 1，清晰阴影，着色 1"选项，如图 1-55 所示。

（2）Word 将自动在文档中插入一个文本框，在其中输入"公司组织结构"，设置字体为"方正大标宋简体"，将文本框拖动到文本"二、公司结构"的下方，如图 1-56 所示。

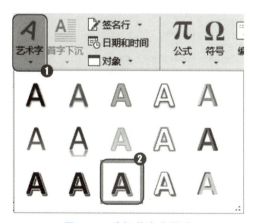

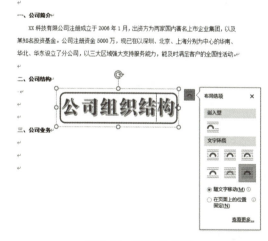

图 1-55　选择艺术字样式　　　　　　　　　图 1-56　添加艺术字

（3）选中艺术字，在"绘图工具"|"格式"|"艺术字样式"组中单击"文本填充"下拉按钮，在打开的下拉列表中选择"渐变"选项，在子列表中选择"其他渐变"选项，如图 1-57 所示。

（4）打开"设置形状格式"任务窗格，在"文本选项"选项卡的"文本填充"选项组中，选中"渐变填充"单选按钮，在"渐变光圈"色带中单击"停止点 1"滑块，单击"颜色"下拉按钮，在打开的下拉列表中选择"红色"选项，单击右上角的"关闭"按钮，如图 1-58 所示。

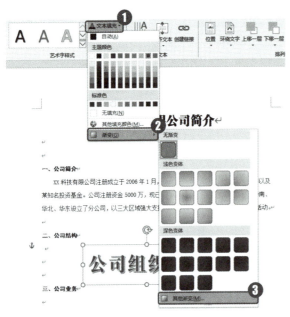

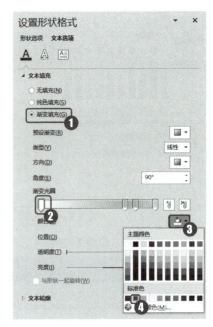

图 1-57　选择"其他渐变"选项　　　　　　　　图 1-58　设置渐变色

（5）在"艺术字样式"组中单击"文本效果"下拉按钮，在打开的下拉列表中选择"映像"选项，在子列表的"映像变体"栏中选择"半映像，接触"选项，如图 1-59 所示。

（6）单击"文本效果"下拉按钮，在打开的下拉列表中选择"发光"选项，在子列表中选择"蓝色，18pt 发光，个性色 1"选项，如图 1-60 所示。

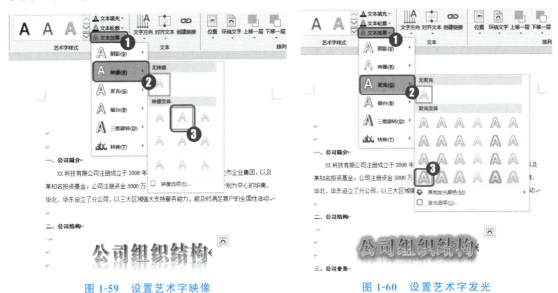

图 1-59　设置艺术字映像　　　　　　　　图 1-60　设置艺术字发光

三、插入并编辑形状

在 Word 2016 中，通过形状绘制工具可绘制正方形、椭圆、箭头、流程图等图形。使用这些图形可以制作一些组织架构和操作流程说明，并表示彼此之间的关系。下面介绍插入并编辑形状的具体操作步骤。

（1）将光标定位到"公司业务"的上一段，按 10 次 Enter 键设置空行，在"插入"｜"插图"组中单击"形状"下拉按钮，在下拉列表的"矩形"栏中选择"圆角矩形"选项，如图 1-61 所示。

（2）将光标移动到文档中，按住鼠标左键不放，向右下角拖动到合适位置后释放鼠标，即可绘制圆角矩形，如图 1-62 所示。

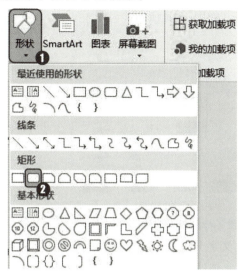

图 1-61　选择形状　　　　　　　　　　图 1-62　绘制圆角矩形

（3）选中绘制的形状，按住 Ctrl 键不放并向下拖动，即可复制一个形状，如图 1-63 所示。

（4）使用相同的方法，复制完成公司组织结构大纲，如图 1-64 所示。

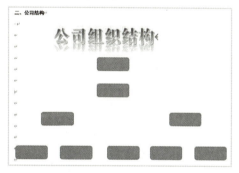

图 1-63　复制形状　　　　　　　　　　图 1-64　完成组织结构大纲

（5）选择需要编辑的形状，在"绘图工具"｜"格式"｜"形状样式"组中单击列表框右下角的下拉按钮，如图 1-65 所示。

（6）在打开的列表中选择"强烈效果－金色，强调颜色 4"选项，如图 1-66 所示。

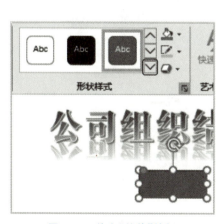

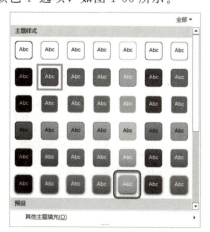

图 1-65　单击"其他"按钮　　　　　　　图 1-66　选择形状样式

（7）在"形状样式"组中单击"形状效果"下拉按钮，在打开的下拉列表中选择"预设"选项，在子列表的"预设"栏中选择"预设 1"选项，如图 1-67 所示。

(8) 按住 Shift 键选中两个形状，在"绘图工具"｜"格式"｜"排列"组中单击"对齐"下拉按钮，在打开的下拉列表中选择"垂直居中"选项，使两个形状横向对齐，如图 1-68 所示。

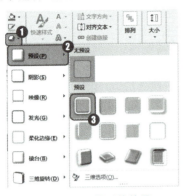

图 1-67　设置形状效果

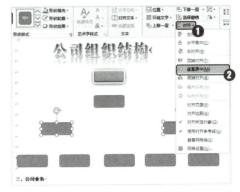

图 1-68　设置形状对齐

(9) 在金色形状上右击，在弹出的快捷菜单中选择"添加文字"命令，如图 1-69 所示。

(10) 在文本框中输入"董事会"，在"开始"｜"字体"组的"字体"下拉列表框中选择"方正大标宋简体"选项，在"字号"下拉列表框中选择"小四"选项，如图 1-70 所示。

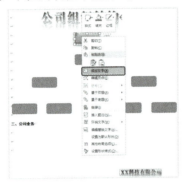

图 1-69　选择"添加文字"命令

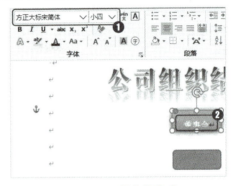

图 1-70　设置字体格式

(11) 将鼠标指针移动到输入文字的形状右上角的控制点上，当鼠标指针变为斜向双箭头时，按住鼠标左键不放并拖动，调整形状大小，如图 1-71 所示。

(12) 使用相同的方法，在其他形状中输入相应文本，设置字体格式，并调整形状大小，如图 1-72 所示。

图 1-71　调整形状大小

图 1-72　完成其他形状

(13) 在"插入"｜"插图"组中单击"形状"下拉按钮，在下拉列表的"线条"栏中选择"直线箭头"选项，如图 1-73 所示。

(14) 在第 1 个形状下方按住鼠标左键不放，向下拖动到第 2 个形状上方释放鼠标，绘制一个箭头，如图 1-74 所示。

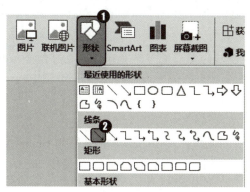

图 1-73　选择"箭头"选项

图 1-74　绘制箭头

（15）在"插入"｜"插图"组中单击"形状"下拉按钮，在下拉列表的"线条"栏中选择"肘形箭头连接符"选项，如图 1-75 所示。

（16）在"总经理"形状左侧按住鼠标左键不放，并向左下侧的形状上方拖动，绘制肘形箭头，如图 1-76 所示，单击绘制好的肘形箭头上的黄色小圆不放并向左拖动，调整箭头路径方向。

图 1-75　选择"肘形箭头连接符"

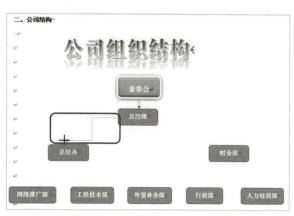

图 1-76　绘制肘形箭头

（17）使用相同的方法，绘制其他箭头，公司组织结构的最终效果如图 1-77 所示。

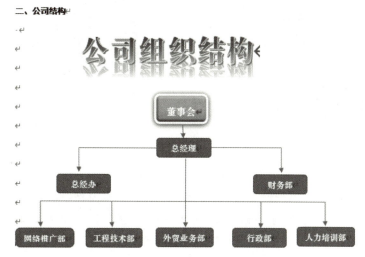

图 1-77　公司组织结构的最终效果

> 选择两个或两个以上的形状，在"绘图工具"│"格式"│"排列"组中单击"组合"按钮，在下拉列表中选择"组合"选项，将选择的形状组合在一起。组合后的形状既可单独编辑，也可组合编辑。

四、SmartArt 图形的使用

通过插入形状表现文本之间关系的操作比较复杂，而通过 Word 2016 中提供的 SmartArt 图形，可方便地插入表示流程、层次结构、循环和列表等关系的图形。下面介绍插入与编辑 SmartArt 图形的具体操作步骤。

（1）将光标定位到文档中，在"插入"│"插图"组中单击"SmartArt"按钮，如图 1-78 所示。

（2）打开"选择 SmartArt 图形"对话框，在左侧的列表框中选择"层次结构"选项，在中间的列表框中选择"水平多层层次结构"选项，单击"确定"按钮，如图 1-79 所示。

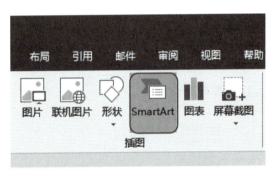

图 1-78　单击"SmartArt"按钮

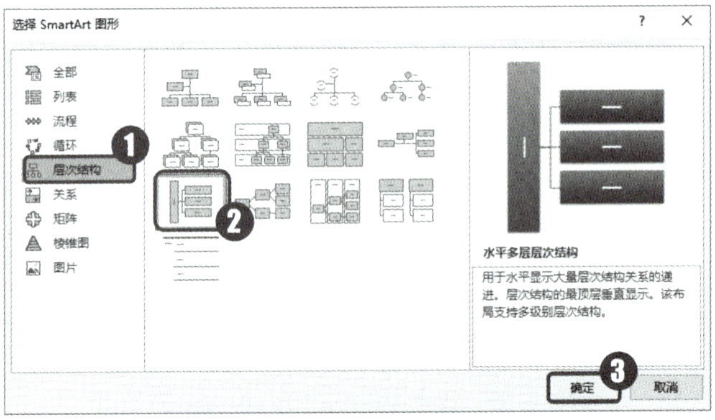

图 1-79　选择 SmartArt 图形

（3）插入 SmartArt 图形效果如图 1-80 所示。

（4）选中第 2 级的第 1 个形状并右击，在打开的快捷菜单中选择"添加形状"│"在下方添加形状"命令，如图 1-81 所示。

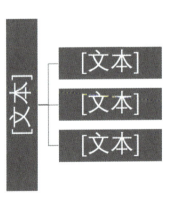

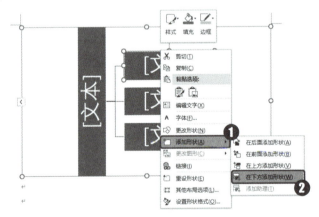

图 1-80　插入 SmartArt 图形

图 1-81　选择"在下方添加形状"命令

（5）单击"SmartArt 工具"│"设计"│"创建图形"组中的"文本窗格"按钮，打开"在此处键入文字"窗口，将光标定位到第 3 级文本框内，按 Enter 键在后面继续添加一个形状，如图 1-82 所示。

（6）在最下面的文本框中右击，在打开的快捷菜单中选择"降级"命令，该形状将自动降为下一级形状，如图 1-83 所示。

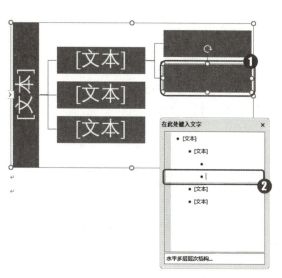

图 1-82　继续添加形状

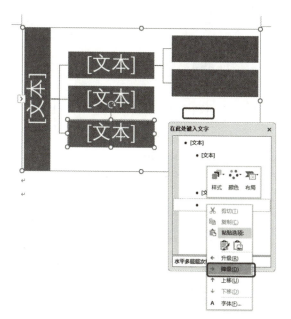

图 1-83　降级形状

（7）保持光标定位在该文本框中，按 Enter 键在后面继续添加一个形状，如图 1-84 所示。

（8）在最左侧的形状中输入"主营业务"，如图 1-85 所示。

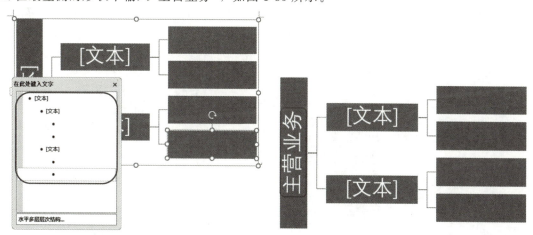

图 1-84　继续添加形状　　　　　　　　　　图 1-85　输入文本

提示

SmartArt 图形中的形状有分级，在不同样式的图形中，主要依靠连接线来分辨形状的上下级，但形状的添加、减少和升降级的方法大同小异。

（9）在"在此处键入文字"窗格中依次输入其他文本，如图 1-86 所示。

（10）选中整个 SmartArt 图形，在"SmartArt 工具"｜"设计"｜"SmartArt 样式"组中单击"更改颜色"下拉按钮，在下拉列表中选择"彩色范围－个性色 5 至 6"选项，如图 1-87 所示。

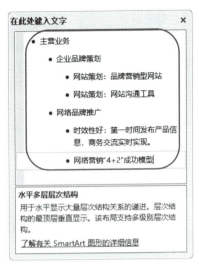

图 1-86　输入其他文本

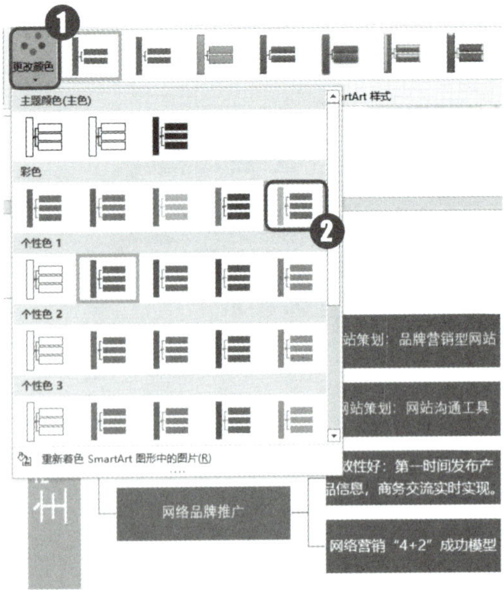

图 1-87　更改 SmartArt 颜色

(11)在"SmartArt 样式"组中单击"快速样式"按钮，在下拉列表中选择"强烈效果"选项，如图 1-88 所示。

(12)选中 SmartArt 图形，在"SmartArt 工具"|"设计"|"布局"组中单击"更改布局"按钮，在下拉列表中选择"表层次结构"选项，如图 1-89 所示。

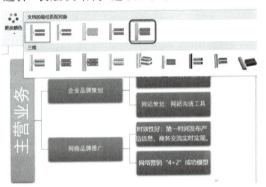

图 1-88　更改 SmartArt 样式

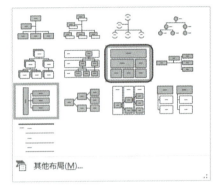

图 1-89　选择 SmartArt 布局

(13)返回工作界面，即可看到更改 SmartArt 图形布局后的效果，如图 1-90 所示。

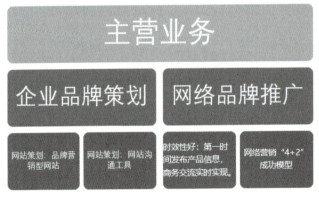

图 1-90　更改 SmartArt 图形布局效果

必备知识

一、图片的添加

在文档中插入图片，可以使整个文档更加多彩。在 Word 文档中，不仅可以插入图片美化文档页面，还可以插入背景图片。Word 2016 支持常见的图片格式，如 JPG、JPEG、TIFF、PNG 及 BMP 等。

1. 插入图片

在"插入"选项卡的"插图"组中，单击"图片"按钮，如图 1-91 所示，在打开的"插入图片"对话框中，选择需要插入的图片，单击"插入"按钮即可。

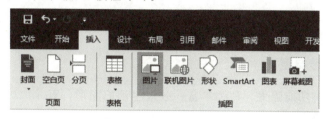

图 1-91　单击"图片"按钮

2. 插入联机图片

在 Word 2016 中，使用"联机图片"功能可以直接插入联机的图片对象。在"插入"选项卡的"插图"组中，单击"联机图片"按钮，打开"插入图片"对话框，如图1-92所示。在对话框中可以通过"必应图像搜索"搜索联机图片，还可以通过"OneDrive-个人"网盘进行联机图片的插入。

3. 插入屏幕截图

在 Word 2016 中，使用"屏幕截图"功能可以对屏幕进行自由截图。在"插入"选项卡的"插图"组中，单击"屏幕截图"下拉按钮，打开下拉列表，选择"屏幕剪辑"选项，如图 1-93 所示。当鼠标指针呈黑色十字形状时，单击鼠标并拖动，选择截图区域即可。

图 1-92　"插入图片"对话框

图 1-93　选择"屏幕剪辑"命令

二、图片的裁剪

如果只需插入图片的某一部分，可以对图片进行裁剪，将图片不需要的部分裁掉。

选中要裁剪的图片，选择"图片工具"下的"格式"选项卡，单击"大小"组中的"裁剪"下拉按钮，在打开的下拉列表中选择"裁剪"选项，如图 1-94 所示。在所选的图片周围出现了裁剪控制手柄，拖动手柄到合适位置后，释放鼠标，接 Enter 键，即可看到裁剪后的图片效果。

另外，还可以将图片裁剪为形状。在"裁剪"下拉列表中选择"裁剪为形状"选项，再选择一种形状即可，如图 1-95 所示。

图 1-94　选择"裁剪"选项　　　　图 1-95　选择裁剪形状

三、SmartArt 图形类型

SmartArt 图形是一种功能强大、种类丰富、效果生动的图形，Word 2016 中提供了多种类型的 SmartArt 图形，下面分别进行介绍。

（1）列表：主要用于显示非有序信息块或者分组信息块，强调信息的重要性。

（2）流程：主要用于表示任务、流程或者工作流中的顺序步骤。

（3）循环：主要用于表示阶段、任务或者事件的连续序列，强调重复过程。

（4）层次结构：主要用于显示组织中的分层信息或上下级关系。

（5）关系：主要用于表示两个或多个项目之间的关系，或者多个信息集合之间的关系。

（6）矩阵：主要用于以象限的方式显示部分与整体的关系。

（7）棱锥图：主要用于显示与顶部或者底部最大一部分的比例关系。

（8）图片：主要用于包含图片的信息列表。

四、页面设置

页面实际上就是文档的一个版面，文档内容编辑得再好，如果没有进行恰当的页面设置和页面排版，打印出来的文档也可能会逊色不少。要使打印效果令人满意，就应该根据实际需要在"布局"选项卡的"页面设置"组中，设置纸张方向和大小等参数，如图 1-96 所示。

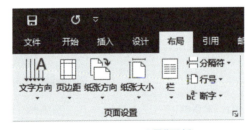

图 1-96　"页面设置"面板

1. 设置页边距

页边距是指版心外侧和页面边缘之间的距离，通常可以在页边距的可打印区域插入文字和图形，也可以将某些项目放置在页边距区域中，如页眉、页脚和页码等。

（1）使用预设页边距。单击"页边距"下拉按钮，在打开的下拉列表中列出了多种预设页边距，选择任意页边距选项即可，如图 1-97 所示。

（2）自定义页边距。如果对预设的页边距不满意，则可以单击"页边距"下拉按钮，在打开的下拉列表中选择"自定义边距"选项，打开"页面设置"对话框，在"页边距"选项组的"上""下""左""右"数值框中分别设置四个方向的页边距即可，如图1-98所示。

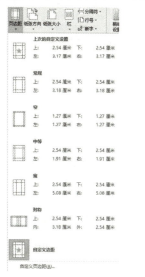

图 1-97　预设页边距　　　　图 1-98　自定义页边距

若要将当前页边距设置为默认页边距，单击"页面设置"对话框中的"设为默认值"按钮，新的默认设置将保存在该文档的模板中，以后每一个基于该模板创建的新文档都将自动使用当前页边距。

2. 设置纸张方向

纸张方向默认情况下是纵向，用户可以设置纸张的使用方向，具体操作方法如下。

方法一：在"布局"选项卡的"页面设置"组中，单击"纸张方向"下拉按钮，在打开的下拉列表中，选择"纵向"或"横向"选项即可，如图 1-99 所示。

方法二：在"页面设置"组中，单击右下角的"页面设置"按钮，打开"页面设置"对话框，在"纸张方向"选项组中，单击"纵向"或"横向"按钮即可，如图 1-100 所示。

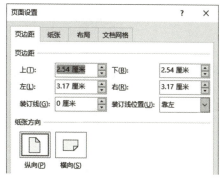

图 1-99　纸张方向　　　　图 1-100　"纸张方向"选项组

3. 设置纸张大小

用户可以根据需要选择不同大小的打印纸对文档进行打印，但由于纸张的大小不同会影响 Word 的排版效果，所以可以预先设置好纸张大小再进行排版。

(1)使用预设纸张大小。单击"纸张大小"下拉按钮，在打开的下拉列表中列出了多种预设纸张大小设置，选择任意纸张大小选项即可，如图 1-101 所示。

(2)自定义纸张大小。如果对预设纸张大小不满意，则可以单击"纸张大小"下拉按钮，在打开的下拉列表中选择"自定义纸张大小"选项，打开"页面设置"对话框，在"纸张"选项卡的"纸张大小"下拉列表框中，选择"自定义大小"选项，并修改"宽度"和"高度"参数即可，如图 1-102 所示。

图 1-101　预设纸张大小

图 1-102　自定义纸张大小

五、水印

水印是显示在文本下面的文字或图片，通常用于增加趣味或标识文档状态。例如，注明文档是保密的。添加水印背景的方法如下。

（1）在"设计"选项卡的"页面背景"组中单击"水印"下拉按钮，在打开的下拉列表中直接选择需要的文字及样式，也可以选择"自定义水印"命令，在打开的"水印"对话框中进行设置。

（2）在"水印"对话框中，可以选中"图片水印"单选按钮，单击"选择图片"按钮，从计算机中选择需要的图片；也可以选中"文字水印"单选按钮，在"文字"文本框中输入需要的文字，并为文字设置字体、字号、颜色和版式，如图 1-103 所示。

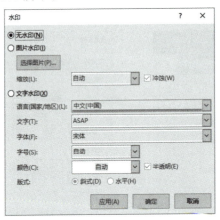

图 1-103　"水印"对话框

六、页面背景

Word 2016 单独提供了页面背景设置功能，背景显示在页面底层。使用背景设置功能可以制作出许多色彩亮丽、活泼明快的文档，使读者在阅读过程中有一种美的享受。

1. 填充颜色背景

在"设计"选项卡的"页面背景"组中，单击"页面颜色"下拉按钮，在打开的下拉列表中，选择合适的颜色色块即可，如图 1-104 所示。

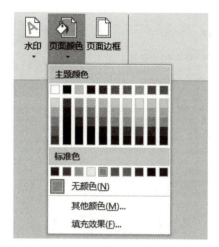

图 1-104 填充颜色背景

2. 填充背景效果

在"设计"选项卡的"页面背景"组中，单击"页面颜色"下拉按钮，在打开的下拉列表中，选择"填充效果"命令，打开"填充效果"对话框，在"渐变"选项卡中可以设置渐变色背景填充效果，如图 1-105 所示；在"纹理"选项卡中可以设置纹理背景填充效果；在"图案"选项卡中可以设置图案背景填充效果；在"图片"选项卡中可以选择计算机中已有的图片或联机图片设置为背景填充效果。

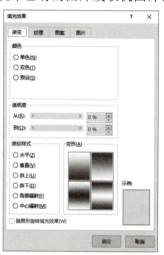

图 1-105 "渐变"选项卡

🖾 训练任务

在素材文件夹中打开一个文档，然后在文档中添加艺术字、图片、形状和 SmartArt 图形，再进行美化。

具体要求如下。

(1)打开一个命名为"招聘启事"的 Word 文档。

(2)使用"图片"功能插入图片，并调整图片的大小和环绕方式。

(3)在文档中添加艺术字，并设置艺术字的字体格式、文字效果。

(4)在文档中添加 SmartArt 图形。

(5)在文档中添加文本框和形状。

最终文档效果如图 1-106 所示。

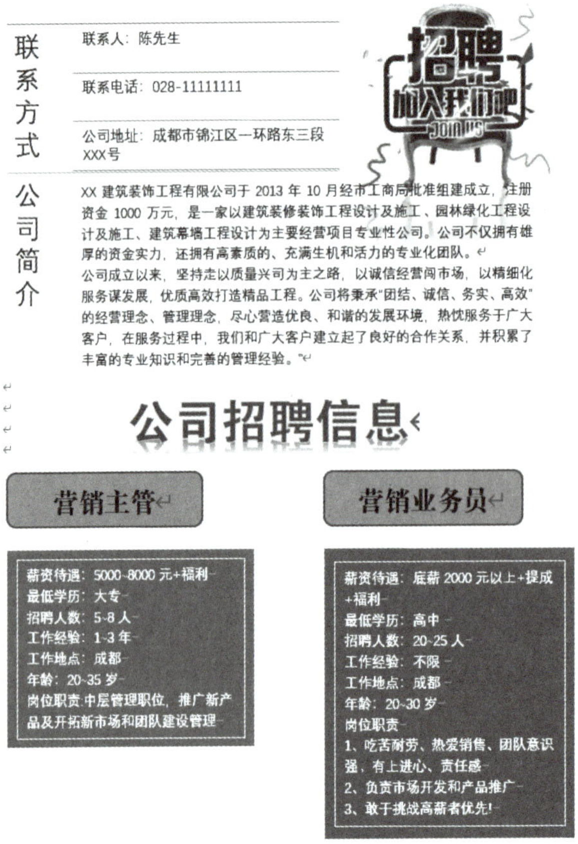
联系方式

联系人：陈先生

联系电话：028-11111111

公司地址：成都市锦江区一环路东三段XXX号

公司简介

XX 建筑装饰工程有限公司于 2013 年 10 月经市工商局批准组建成立，注册资金 1000 万元，是一家以建筑装修装饰工程设计及施工、园林绿化工程设计及施工、建筑幕墙工程设计为主要经营项目专业性公司。公司不仅拥有雄厚的资金实力，还拥有高素质的、充满生机和活力的专业化团队。

公司成立以来，坚持走以质量兴司为主之路，以诚信经营闯市场，以精细化服务谋发展，优质高效打造精品工程。公司将秉承"团结、诚信、务实、高效"的经营理念、管理理念，尽心营造优良、和谐的发展环境，热忱服务于广大客户，在服务过程中，我们和广大客户建立起了良好的合作关系，并积累了丰富的专业知识和完善的管理经验。"

公司招聘信息

营销主管

薪资待遇：5000-8000 元+福利
最低学历：大专
招聘人数：5-8 人
工作经验：1-3 年
工作地点：成都
年龄：20-35 岁
岗位职责：中层管理职位，推广新产品及开拓新市场和团队建设管理

营销业务员

薪资待遇：底薪 2000 元以上+提成+福利
最低学历：高中
招聘人数：20-25 人
工作经验：不限
工作地点：成都
年龄：20-30 岁
岗位职责
1、吃苦耐劳、热爱销售、团队意识强，有上进心、责任感
2、负责市场开发和产品推广
3、敢于挑战高薪者优先！

图 1-106　招聘启事的最终效果

任务三　制作员工登记表

在 Word 中进行文档表格的制作与编辑工作，首先要学会使用“表格”命令添加表格，且为了让表格的内容完美展示，需要进行合并单元格、添加单元格边框等操作。

任务描述

本任务要求制作员工登记表。在员工入职时，个人信息必须入档公司人事部，制作一份员工登记表可以将员工的个人信息记录其中。

任务解析

(1)在文档中创建表格。

(2)手动绘制表格。

(3)设置表格的行高和列宽。

(4)合并和拆分表格。

(5)为表格设置样式、边框和底纹。

一、在文档中创建表格

在 Word 文档中创建表格的方法有多种，包括通过指定行和列直接插入表格，通过绘制表格功能自定义各种表格，直接插入电子表格，以及使用预设样式插入快速表格，下面分别进行介绍。

（1）将光标定位在需要插入表格的位置，在"插入"选项卡的"表格"组中，单击"表格"下拉按钮，在下拉列表中选择"插入表格"选项，如图 1-107 所示。

（2）打开"插入表格"对话框，在"列数"和"行数"数值框中设置表格的行数和列数，单击"确定"按钮，如图 1-108 所示。

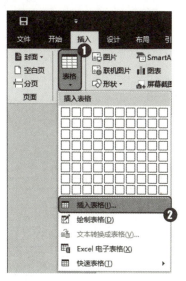

图 1-107　选择"插入表格"选项

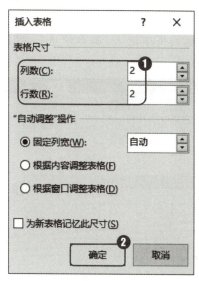

图 1-108　设置行数和列数

（3）完成表格的插入操作，其效果如图 1-109 所示。

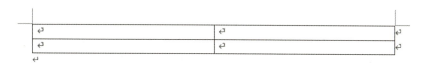

图 1-109　插入表格效果

二、设置表格的行列

在 Word 文档的表格中，用户可以根据实际需要插入行或列、合并和拆分表格、调整表格的行高和列宽等。

（1）选择表格第 2 行，在"表格工具"｜"布局"｜"行和列"组中，单击 7 次"在下方插入"按钮，在下方插入 7 行空白行，如图 1-110 所示。

（2）选择表格第 2 列，在"表格工具"｜"布局"｜"行和列"组中，单击"在右侧插入"按钮，在右侧插入 1 列空白列，如图 1-111 所示。

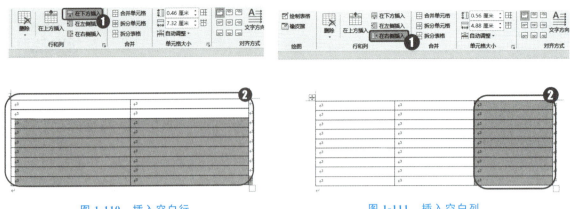

图 1-110　插入空白行　　　　　　　　　　图 1-111　插入空白列

（3）选择表格第 1 行的所有单元格，在"表格工具"｜"布局"｜"合并"组中单击"合并单元格"按钮，如图 1-112 所示。

（4）在合并的单元格中输入"基本信息"，如图 1-113 所示，在"开始"｜"段落"组中单击"居中"按钮。

图 1-112　合并单元格　　　　　　　　　　图 1-113　输入文本

（5）使用相同的方法，继续插入行，合并单元格并输入文本，效果如图 1-114 所示。

（6）选择表格第 2、3 行的第 1 列单元格，在"表格工具"｜"布局"｜"合并"组中单击"拆分单元格"按钮，如图 1-115 所示。

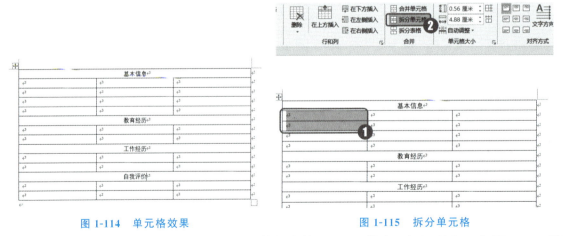

图 1-114　单元格效果　　　　　　　　　　图 1-115　拆分单元格

（7）打开"拆分单元格"对话框，在"列数"数值框中输入"3"，单击"确定"按钮，如图 1-116 所示，将选择的单元格拆分为 3 列。

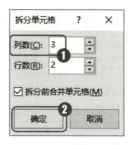

图 1-116　设置拆分列数

（8）在插入的表格中继续合并和拆分其他单元格，并在其中输入文本，如图 1-117 所示。

图 1-117　完成其他单元格

（9）在表格的左上角单击，选择整个表格，在"表格工具"｜"布局"｜"单元格大小"组中的"高度"数值框中输入"0.8"，按 Enter 键，设置表格的行高，如图1-118所示。

（10）将光标移动到第 1 行和第 2 行单元格间的分隔线上，当其变成双向箭头形状时，按住鼠标左键向下拖动，调整第 1 行的行高，如图 1-119 所示。

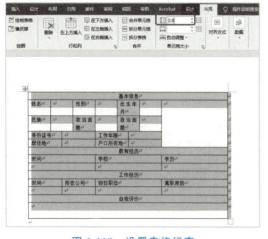

图 1-118　设置表格行高

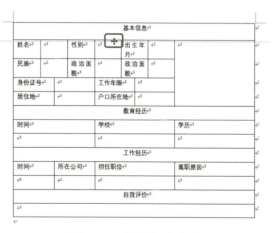

图 1-119　调整第 1 行行高

（11）选中整个表格，在"表格工具"｜"布局"｜"对齐方式"组中单击"对齐方式"下拉按钮，在打开的下拉列表中选择"水平居中"选项，如图 1-120 所示。

> 🔊 提示
>
> 　　拖动鼠标调整行高和列宽时，按住 Alt 键可微调表格的行高和列宽；单独选中某个单元格时，拖动鼠标则只调整当前选中单元格的行高和列宽。

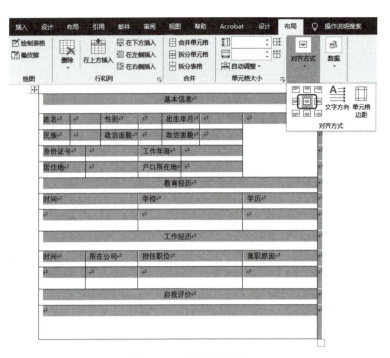

图 1-120 设置水平居中

三、应用"表格样式"

为了增强表格的美观效果，可以为表格设置表格样式。下面讲解设置表格样式的方法。

(1)选中表格，在"表格工具"｜"设计"选项卡的"表格样式"组中，单击"其他"按钮。

(2)在打开的表格样式列表中，选择"网格表 4-着色 6"选项，如图 1-121 所示。

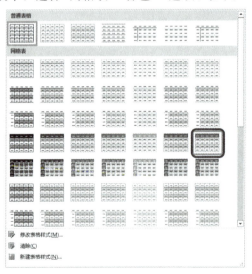

图 1-121 选择表格样式

(3)选择表格的第 2 行和第 3 行，在"表格工具"｜"布局"｜"单元格大小"组中单击"分布列"按钮，如图 1-122 所示，该行的列将平均分布列宽。

(4)使用相同的方法，为表格的其他列设置相同的列宽，最终效果如图 1-123 所示。

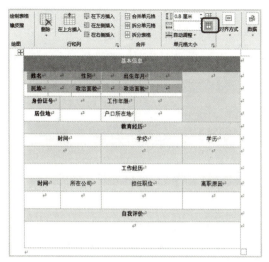

图 1-122　单击"分布列"按钮

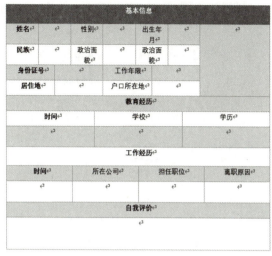

图 1-123　平均分布列宽的最终效果

四、设置"边框"和"底纹"

Word 2016 中为表格提供了多种边框和底纹样式。下面为"员工登记表"文档中的表格设置边框和底纹。

(1)在表格的左上角单击，选择整个表格，在"表格工具"|"设计"|"边框"组中单击"边框样式"下拉按钮，在下拉列表的"主题边框"栏中选择"双实线，1/2 pt，着色 4"选项，如图 1-124 所示。

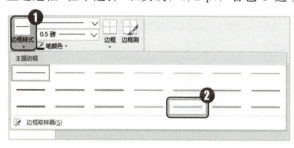

图 1-124　选择边框样式

(2)在"边框"组中单击"边框"下拉按钮，在下拉列表中选择"外侧框线"选项，如图 1-125 所示。

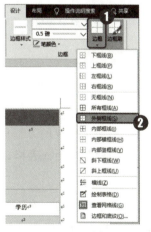

图 1-125　选择边框

(3)选择表格的第 1 行，在"表格工具"|"设计"|"表格样式"组中单击"底纹"下拉按钮，在下拉列表中选择"浅绿"选项，如图 1-126 所示。

(4)使用相同的方法，为表格的倒数的第 2、第 5 和第 8 行单元格设置同样的底纹，如图 1-127 所示。

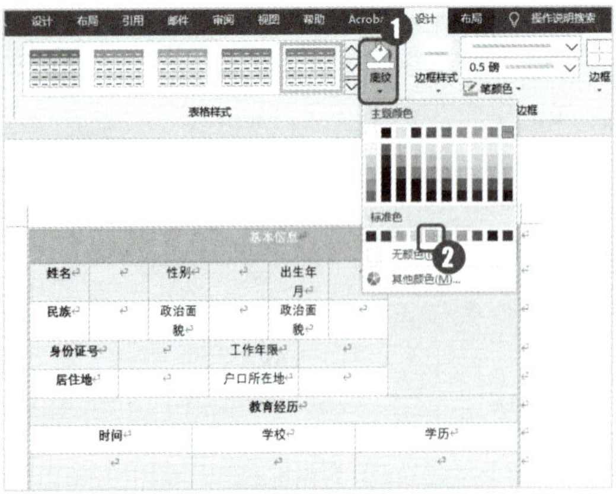

图 1-126　选择底纹颜色 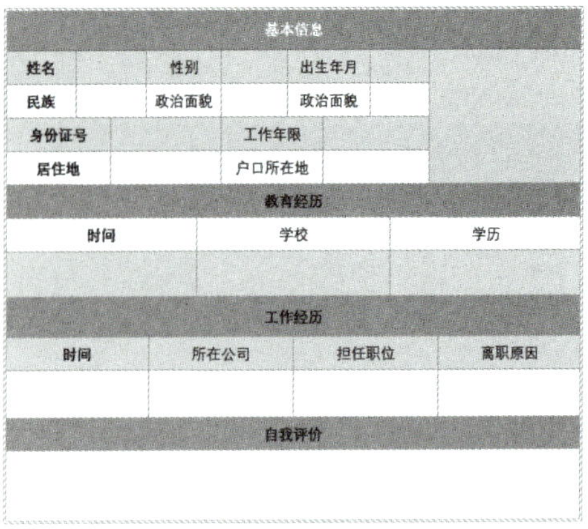　　　　　　　　　　图 1-127　设置单元格底纹

（5）在文档中输入标题，适当插入行，并设置文本的字体格式，调整行高，员工登记表的最终效果如图 1-128 所示。

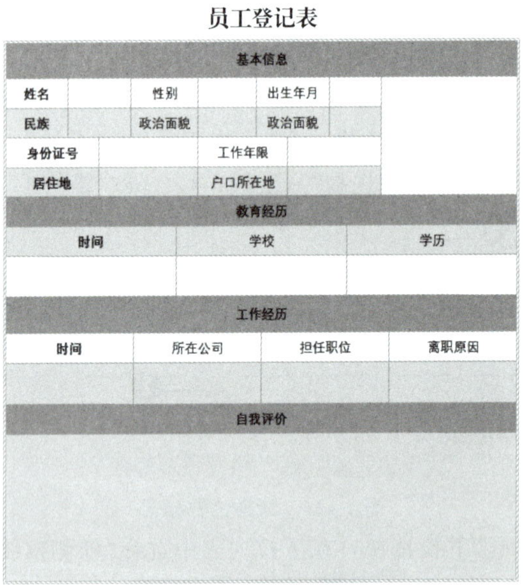

图 1-128　员工登记表最终效果

必备知识

一、添加表格的方法

表格由水平的行和垂直的列组成，行与列交叉形成的方框称为单元格。Word 2016 提供了多种创建表格的方法，如可以通过选择需要的行数和列数来插入表格，还可拖动鼠标绘制表格。

1. 使用网格创建表格

在"插入"选项卡的"表格"组中单击"表格"下拉按钮，在下拉列表的表格栏中，拖动鼠标选择表格网格，如图 1-129 所示，选择好网格后，单击鼠标即可将表格插入文档中。通过选择网格创建出的表格自动平均分布各列和各行，用户可以根据需要再自行调整行高或列宽。

2. 使用"插入表格"对话框创建表格

将光标定位到要插入表格的位置，单击"表格"下拉按钮，在下拉列表中选择"插入表格"选项，打开"插入表格"对话框，在"列数"和"行数"数值框中输入参数，单击"确定"按钮即可。

3. 绘制表格

除了以上介绍的两种插入表格的方法外，用户还可以自己手动绘制表格。使用 Word 文档提供的绘制工具就像用笔在纸上绘图一样，如果绘制错了，还可以用橡皮擦除。绘制表格的具体方法是：在"插入"选项卡的"表格"组中，单击"表格"下拉按钮，打开下拉列表，选择"绘制表格"选项，此时鼠标指针呈铅笔形状，在文档空白处按住鼠标左键并向右下方拖动，释放鼠标，虚线变成实线，即完成表格外边框的绘制。在外边框内拖动鼠标可绘制行和列。

4. 插入 Excel 电子表格

在 Word 2016 中可以插入 Excel 表格，并且可以像在 Excel 中一样进行比较复杂的数据运算和处理。插入 Excel 表格的具体方法是：在"插入"选项卡的"表格"组中，单击"表格"下拉按钮，打开下拉列表，选择"Excel 电子表格"选项，进入 Excel 电子表格编辑状态，在电子表格以外的区域单击，可以返回 Word 文档编辑状态，同时完成 Excel 表格的插入操作。

5. 插入快速表格

Word 2016 中提供了多种预设格式的表格，用户可以使用"快速表格"功能快速插入这些表格。插入快速表格的具体方法是：在"插入"选项卡的"表格"组中，单击"表格"下拉按钮，打开下拉列表，选择"快速表格"选项，再选择表格样式，即可插入快速表格，如图 1-130 所示。

图 1-129　选择表格网格

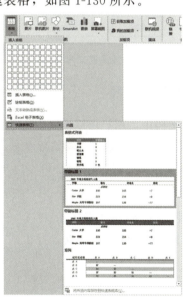

图 1-130　选择表格样式

二、表格与文本的互相转换

表格和文本各有长短，其应用范围也有所不同。对于同一内容，有时需要用表格来表示，有时则需要用文本来表示。为了使数据的处理和编辑更加方便，Word 2016 提供了文本和表格之间的互相转换功能。

1. 将表格转换为文本

如果需要将表格转换成文本，则可以使用 Word 2016 提供的"表格转换成文本"命令，将表格中的内容转换成普通的段落文本，并将各单元格转换后的内容用段落标记、逗号、制表符或指定的字符隔开。具体操作方法是：选择要转换为文本的表格对象，在"表格工具"｜"布局"选项卡的"数据"组中，单击"转换为文本"按钮，打开"表格转换成文本"对话框，设置需要的"文字分隔符"，再单击"确定"按钮即可，如图 1-131 所示。

2. 将文本转换为表格

对于 Word 文档中存在的文本，用户也可以使用"文本转换成表格"命令，将文本转换为表格。与将表格转换为文本不同，将文本转换为表格前必须对需转换的文本进行格式化，文本中的每一行要用段落标记符隔开，每一列之间要用分隔符隔开，列之间的分隔符可以是逗号、空格、制表符等。具体操作方法是：选择需要转换为表格的文本对象，在"插入"选项卡的"表格"组中，单击"表格"下拉按钮，打开下拉列表，选择"文本转换成表格"选项，打开"将文字转换成表格"对话框，设置表格列数、行数、文字分隔位置等参数，再单击"确定"按钮即可，如图1-132所示。

图 1-131　"表格转换成文本"对话框

图 1-132　"将文字转换成表格"对话框

三、表格的计算与排序

在 Word 2016 文档中，用户可以借助 Word 文档提供的数学公式对表格中的数据进行数学运算，包括加、减、乘、除以及求和、求平均值等常见运算；也可以借助"排序"功能对表格中的数据进行排序操作。

1. 表格数据的计算

在文档中选择表格文本，在"表格工具"｜"布局"选项卡的"数据"组中，单击"公式"按钮，如图1-133所示，打开"公式"对话框，依次设置好公式、编号格式以及函数等内容，单击"确定"按钮即可，如图1-134所示。

图 1-133　单击"公式"按钮

图 1-134　"公式"对话框

2. 表格数据的排序

在 Word 文档中选择表格文本，在"表格工具"｜"布局"选项卡的"数据"组中，单击"排序"按钮，打开"排序"对话框，依次设置主要关键字和次要关键字等条件，单击"确定"按钮即可，如图1-135所示。

训练任务

在素材文件夹中新建一个文档，在制作表格时，使用文本输入、插入表格、合并单元格、设置表格行和列、设置表格样式等操作。

具体要求如下。

(1)新建一个 Word 文档，将其命名为"员工登记表"。

(2)插入表格。

(3)设置表格行列。

(4)合并单元格，并调整表格的行高和列宽。

(5)设置表格样式。

(6)设置边框和底纹效果。

文档的最终效果如图 1-136 所示。

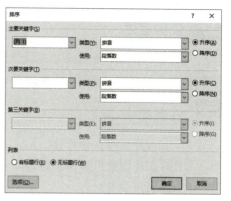

图 1-135　"排序"对话框

员工登记表

姓名		性别		籍贯		学历	
身高		兴趣				健康状况	
出生年月				婚姻状况		政治面貌	
毕业院校				主修专业			
身份证号				邮箱			
联系地址				联系电话			
主要工作经验	就职时间	离职时间		公司名称		工作职责	
就业要求							
应聘岗位				期望薪资			
自我评价							
备注							

图 1-136　员工登记表的最终效果

任务四　制作企业文化建设分析文档

在 Word 文档中进行文档的编辑工作，首先要学会分节符和分页符的使用，然后添加页眉、页脚和页码，最后进行目录的提取与修改操作。

任务描述

本任务要求制作企业文化建设分析文档。企业文化是企业在经营管理过程中创造的具有本企业特色的精神财富的总和，能最大限度地统一员工意志、规范员工行为、凝聚员工力量，为企业总目标服务。

任务解析

（1）插入分节符、分页符。

（2）插入并设置页眉和页脚。

（3）插入并设置页码。

（4）提取目录。

（5）修改目录样式并更新目录。

★ 微视频

制作企业文化建设
分析文档

任务实现

一、插入分隔符

分隔符包括分页符和分节符。对文档某些页或某些段落单独进行设置时，可能会需要插入分隔符。在文档中插入分隔符的具体操作步骤如下。

（1）打开素材文档，将光标定位到"目录"文本左侧，在"插入"｜"页面"组中单击"分页"按钮，即可将光标后面的文本移动到下一页中，如图 1-137 所示。

（2）将光标定位到"一、企业文化建设概述"文本左侧，在"布局"｜"页面设置"组中，单击"分隔符"按钮，在下拉列表的"分页符"栏中，选择"分页符"选项，如图 1-138 所示。

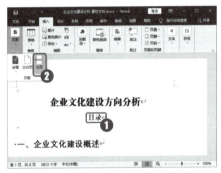
图 1-137　插入分页符

图 1-138　继续插入分页符

（3）将光标定位到"二、把握企业文化建设的着力点"文本左侧，在"布局"｜"页面设置"组中单击"分隔符"按钮，在下拉列表的"分节符"栏中，选择"下一页"选项，如图 1-139 所示。

（4）使用相同的方法，在后面的所有一级标题文本左侧插入分节符，如图 1-140 所示。

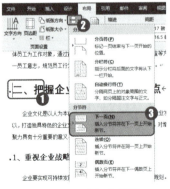
图 1-139　选择分节符

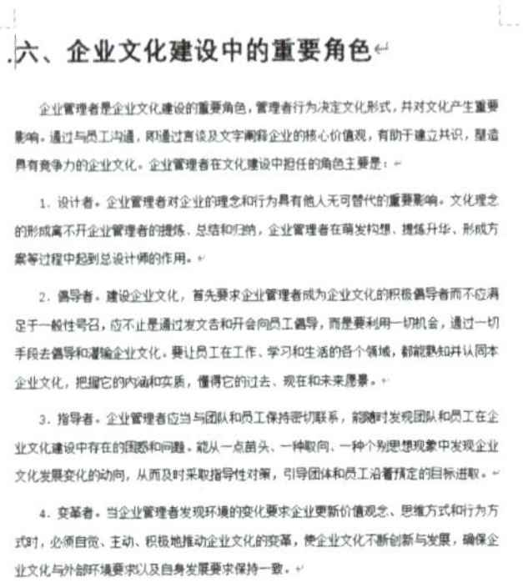

图 1-140　插入分节符

二、插入页眉和页脚

为文档插入页眉和页脚可使文档的格式更整齐、统一。为文档插入页眉和页脚的具体操作步骤如下。

（1）在"插入"｜"页眉和页脚"组中，单击"页眉"按钮，在下拉列表的"内置"栏中选择"奥斯汀"选项，如图 1-141 所示。

（2）在页眉的文本框中输入文本，将光标定位到页眉中间的位置，在"页眉和页脚工具"｜"设计"｜"插入"组中，单击"图片"按钮，如图 1-142 所示。

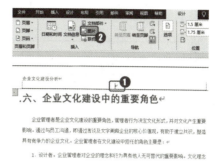

图 1-141 设置页眉   图 1-142 单击"图片"按钮

（3）打开"插入图片"对话框，选择需要插入的图片，单击"插入"按钮，如图1-143所示。

（4）将插入的图片缩小，单击图片右侧的"布局选项"按钮，在下拉列表的"文字环绕"栏中选择"浮于文字上方"选项，如图 1-144 所示。

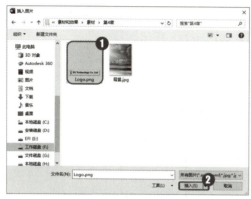

图 1-143 选择图片   图 1-144 设置图片布局

（5）将图片移动到页眉右侧，在"图片工具"｜"格式"｜"图片样式"组中单击"快速样式"按钮，在下拉列表中选择"矩形投影"选项，如图 1-145 所示。

（6）在"页眉和页脚工具"｜"设计"｜"页眉和页脚"组中单击"页脚"按钮，在下拉列表的"内置"栏中选择"花丝"选项，如图 1-146 所示。

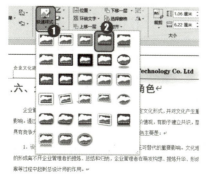

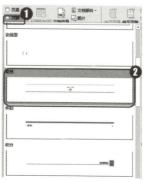

图 1-145 设置图片样式   图 1-146 设置页脚

（7）插入页脚后，在"关闭"组中单击"关闭页眉和页脚"按钮，退出页眉和页脚编辑状态，如图 1-147 所示。

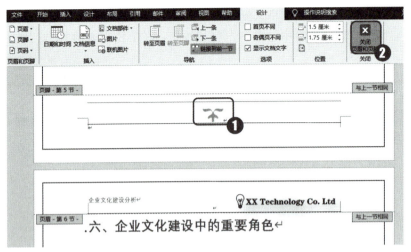

图 1-147 退出页眉和页脚编辑状态

三、设置页码

页码用于显示文档的页数，通常在页面底端的页脚区域插入页码。在文档中设置页码的具体操作步骤如下。

（1）在"插入"｜"页眉和页脚"组中单击"页码"按钮，在打开的下拉列表中选择"页边距"选项，在子列表的"带有多种形状"栏中选择"圆（左侧）"选项，如图 1-148 所示。

图 1-148 选择页码格式

（2）Word 文档自动在页面左侧插入所选格式的页码，在"关闭"组中单击"关闭页眉和页脚"按钮，完成插入页码的操作，效果如图 1-149 所示。

等，但各企业由于人、财、物的状况不同、所处的环境不同，每个企业选择具有本企业特色的经营哲学是可能的。确立企业哲学，需要经营者对本企业的经营状况和特点进行全面的调查，运用某些哲学观念分析研究企业的发展目标和实现途径，在此基础上形成自己的经营理念，并将其深透到员工的思想深处，变成员工处理经营问题的共同思维方式。企业经营哲学通常应在代表企业精神的文字中体现，这不仅有利于内部渗透，而且也便于顾客识别。例如，北京王府井百货大楼"一团火"精神的表叙，既反映了企业员工奉献服务的精神实质，也体现出企业强调通过内部员工之间、企业与顾客之间、本企业与其他企业之间建立平等互助、团结友爱的新型人际关系，坚持全心全意为人民服务的办店宗旨和经营方针，以此赢得顾客和市场，促进企业发展。

经营哲学的确立，关键是要有创新意识，创建有个异性的经营思想和方法。英国盈利能力最强的零售集团——马狮百货公司的经营哲学，就是创立了"没有工厂的制造商"，按自己的要求让别人生产产品，并打上自己的"圣米高"牌商标，取得了成功。武商集团的创新策略是，把商品经营、资产经营和资本经营融为一体，跳出传统经营方式的束缚，在全国零售行业中创造了利润总额四连贯的佳绩。

.4、企业形象设计

图 1-149　插入页码的效果

四、设置目录

在制作内容较多、篇幅较长的文档时，通常会为文档制作目录。在 Word 2016 中，制作目录可以直接应用预设样式，也可以自定义目录。下面介绍自定义目录和更新目录的具体操作方法。

(1)在"引用"｜"目录"组中单击"目录"按钮，在下拉列表中选择"自定义目录"选项，如图 1-150 所示。

(2)打开"目录"对话框的"目录"选项卡，在"常规"选项组的"显示级别"数值框中输入"2"，勾选"显示页码"复选框和"页码右对齐"复选框，单击"修改"按钮，如图 1-151 所示。

图 1-150　选择"自定义目录"选项

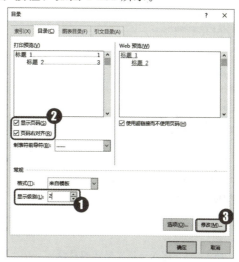

图 1-151　设置目录

(3)打开"样式"对话框，在"样式"列表框中选择"TOC1"选项，单击"修改"按钮，如图 1-152 所示。

(4)打开"修改样式"对话框，在"格式"选项组的"字体"下拉列表框中选择"微软雅黑"选项，在"字号"下拉列表框中选择"12"选项，单击"加粗"按钮，单击"确定"按钮，如图 1-153 所示。

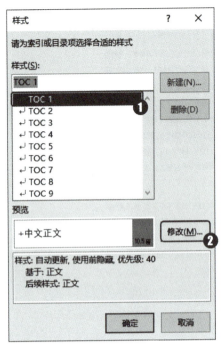

图 1-152　选择设置样式的目录

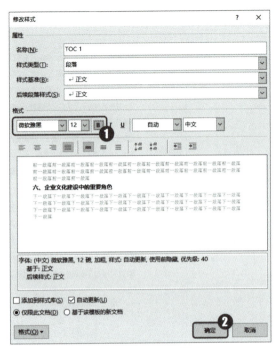

图 1-153　修改目录样式

（5）返回"样式"对话框，单击"确定"按钮，返回"目录"对话框，单击"确定"按钮，即在文档中插入自定义样式的目录，如图 1-154 所示。

（6）在文档中将"将企业文化等同于企业精神而脱离企业管理实践"修改为"企业文化不等于企业精神"，在"引用"｜"目录"组中单击"更新目录"按钮，如图 1-155 所示。

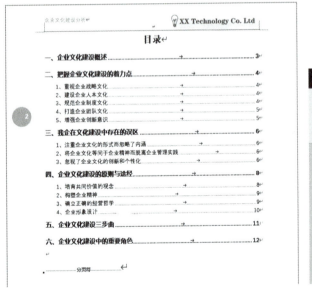

图 1-154　插入自定义样式的目录

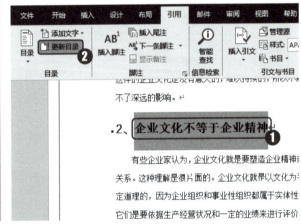

图 1-155　单击"更新目录"按钮

（7）打开"更新目录"对话框，选中"更新整个目录"单选按钮，单击"确定"按钮，即可看到目录中对应的标题已经自动更新，如图 1-156 所示。

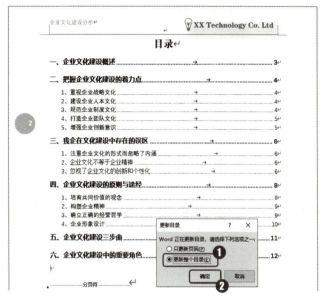

图 1-156　更新目录

必备知识

一、分隔符

当文本或图形等内容填满一页时，Word 文档会自动插入一个分页符并开始新的一页。如果需要强制分页或分节，则可以使用"分隔符"功能实现。

插入分隔符的方法很简单，在"布局"｜"页面设置"组中，单击"分隔符"下拉按钮，在下拉列表中选择"分页符"和"分节符"栏中对应的分隔符选项即可，如图 1-157 所示。

各分隔符的含义如下。

（1）分页符：分页符是一种符号，显示在上一页结束以及下一页开始的位置。

（2）分栏符：对文档或某些段落进行分栏后，Word 文档会在适当的位置自动分栏，若希望某一内容出现在下栏的顶部，则可以通过分栏符实现。

（3）自动换行符：自动换行符用来分隔页面上对象周围的文字，如分隔题注文字与正文。

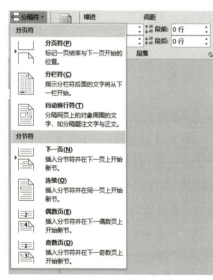

（4）下一页：在插入"下一页"分节符的位置，Word 文档会强制分页，新的一节从下一页开始。"下一页"分节符通常用于在不同页面上分别应用不同的页码样式、页眉和页脚文字，以及想改变页面的纸张方向等。

图 1-157　"分隔符"下拉列表

（5）连续：插入"连续"分节符后，文档不会被强制分页。"连续"分节符主要用于在同一页面上创建不同的分栏样式或页边距，尤其是在创建报纸、期刊样式的分栏时使用较多。

（6）偶数页：在插入"偶数页"分节符之后，新的一节会从其后的第一个偶数页面开始（以页码编号为准）。

（7）奇数页：在插入"奇数页"分节符之后，新的一节会从其后的第一个奇数页面开始（以页码编号为准）。在编辑长篇文稿时，人们一般习惯将新的章节标题排在奇数页，此时即可使用"奇数页"分节符。需要注意的是，如果上一章节结束的位置是一个奇数页，在插入"奇数页"分节符后，Word 文档会自动在相应位置留出空白页。

二、页眉、页脚和页码

页眉和页脚是文档中的注释性信息，如文章的章节标题、作者、日期时间、文件名或单位名称等。页眉在正文的顶部，页脚在正文的底部。Word 2016 中，页眉、页脚和页码在"插入"｜"页眉和页脚"组中设置。

1. 插入页眉和页脚

在"插入"｜"页眉和页脚"组中分别单击"页眉"和"页脚"下拉按钮，在下拉列表中选择需要的页眉样式和页脚样式，如图 1-158 所示，在页面顶部出现的页眉编辑区和页面底部出现的页脚编辑区，对页眉和页脚进行设置。

图 1-158　"页眉"和"页脚"下拉列表

2. 修改页眉和页脚

在"页眉和页脚"组中单击"页眉"下拉按钮，在下拉列表中选择"编辑页眉"命令，或者直接双击页眉区，均可编辑页眉。编辑页脚的操作与此类似。

3. 设置页码

在"页眉和页脚"组中单击"页码"下拉按钮，在下拉列表中选择页码显示的位置和页码的样式，如图 1-159 所示。如果要对页码样式进行修改，双击页码进入页码编辑状态，重新设置即可。

4. 删除页眉和页脚

在添加了页眉和页脚后，如果要删除页眉和页脚，则可以在"页眉"和"页脚"下拉列表中，选择"删除页眉"和"删除页脚"命令。

三、目录

文档的目录是很重要的页面，很多文档都需要设置目录，以便于找到相应内容所在的页面。

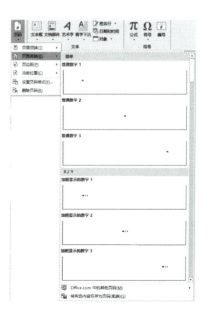

图 1-159　设置页码

1. 目录的添加

目录的添加有手动目录和自动目录两种。

（1）添加手动目录。在"引用"选项卡的"目录"组中，单击"目录"下拉按钮，在下拉列表中选择"手动目录"选项，如图 1-160 所示，此时页面中出现目录的基本格式，用户将章节标题填写完整即可。

（2）添加自动目录。在"引用"选项卡的"目录"组中，单击"目录"下拉按钮，在下拉列表中选择"自动目录"选项即可。用户还可以在下拉列表中，选择"自定义目录"选项，打开"目录"对话框，设置目录，如图 1-161 所示。

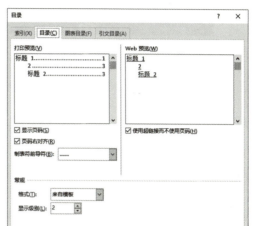

图 1-160 添加手动目录　　　　图 1-161 "目录"对话框

2. 目录的更新

如果后面文档内容有所更改，需要更新目录，只需要把光标移到目录中任一位置，然后右击，在快捷菜单中选择更新域，在打开的"更新目录"对话框中，根据实际情况选中"只更新页码"或"更新整个目录"单选按钮即可，如图 1-162 所示。

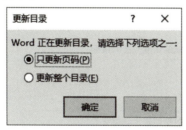

图 1-162 "更新目录"对话框

四、"邮件合并"功能

"邮件合并"功能是先建立两个文档，即一个包括所有文件共有内容的主文档和一个包括变化信息的数据源，然后使用"邮件合并"功能在主文档中插入变化信息。合成后的文件可以保存为 Word 文档打印出来，也可以以邮件形式发送出去。

"邮件合并"功能一般应用在以下领域。

（1）批量打印信封：按统一的格式，将电子表格中的邮编、收件人地址和收件人打印出来。

（2）批量打印信件：主要是从电子表格中调用收件人，换一下称呼，信件内容基本固定不变。

（3）批量打印请柬：从电子表格中调用请柬表格，换一下请柬称呼，请柬内容固定不变。

（4）批量打印工资条：从电子表格调用数据。

（5）批量打印个人简历：从电子表格中调用不同字段数据，每人一页，对应不同信息。

（6）批量打印学生成绩单：从电子表格成绩中取出个人信息，并设置评语字段，编写不同评语。

（7）批量打印各类获奖证书：在电子表格中设置姓名、获奖名称和资质，在 Word 中设置打印格式，可以打印众多证书。

总之，只要有数据源（电子表格、数据库）等，只要是一个标准的二维数表，就可以很方便地按一个记录一页的方式从 Word 文档中用"邮件合并"功能制作出来包含多页的 Word 文档。

"邮件合并"功能的操作是在"邮件"选项卡中实现的，如图 1-163 所示。

图 1-163 "邮件"选项卡

五、拆分文档

在 Word 文档中编辑的长文档可以拆分为多个子文档，从而达到多人同时编辑文档不同部分的目的。其方法为，在"视图"｜"视图"组单击"大纲视图"按钮进入大纲视图模式，选择需要拆分为子文档的标题段落，在"大纲"｜"主控文档"组中单击"显示文档"按钮，再单击"创建"按钮。按相同方法创建其他需拆分为子文档的标题段落，如图 1-164 所示。将文档另存到其他位置后，所选的标题段落将自动保存为多个 Word 文档。

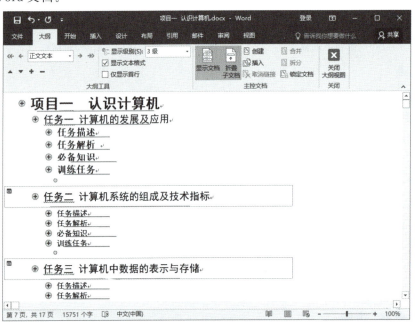

图 1-164 创建子文档

🔊 **提示**

当多人编辑好多个子文档后，可以通过合并操作将这些文档合并到一个文档中。其方法为，将需要合并的所有子文档存放在同一个文件夹中，然后新建 Word 文档或打开已有的文档，在"插入"｜"文本"组中单击"对象"下拉按钮，在打开的下拉列表中选择"文件中的文字"选项；打开"插入文件"对话框，选择需要合并的多个子文档，然后单击"插入"按钮即可。

训练任务

在素材文件夹中打开一个文档，然后在文档中添加页眉、页脚和目录。

具体编辑要求如下。

(1)打开一个命名为"招标文件"的文档。

(2)在文档中插入分页符。

(3)在文档中添加页眉和页脚、目录。

招标文件的最终效果如图 1-165 所示。

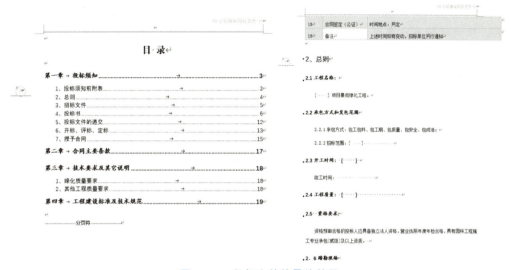

图 1-165 招标文件的最终效果

思政园地

中国工程院院士倪光南

1939 年，倪光南生于战乱，从小便随父母经历逃难，一路目睹战火，民不聊生。父亲说，国不强，则家难宁、民无安。自此，倪光南立下强国志向，要让国家强大起来，摆脱挨打的命运。

1957 年，倪光南考入南京工业学院，学习无线电专业。4 年后，倪光南以全科满分的优异成绩毕业，被分配到了中国科学院计算所，从此一生与计算机结缘。

当时的计算机语言都是英文的，这极大地阻碍了计算机的普及使用，倪光南意识到，必须要让计算机学会中国汉字，不仅可以输入、显示汉字，还能用汉语思考。而这项世界性的技术难题，必须要靠中国人自己解决。

倪光南义不容辞地承担起汉字系统研发的使命。为了工作，他直接把家搬进了计算所，没日没夜地扑在研究上。有一天，倪光南的脑海中迸发出一个创意，如果在计算机敲出一个"中"字时，屏幕可不可以自动出现一系列连串联想出的词组，如"中国""中间"？这个问题指引他打开了探索的大门，从提出联想式输入法概念到落地实现，倪光南用了整整六年时间。

1980 年，联想输入法汉字处理系统成功问世，它改变了中国计算机发展史，也改变了世界对中国计算机技术的看法。当加拿大国家研究院副院长来中科院参观，了解联想式输入法后，他对倪光南大为赞赏，当即邀请他前往加拿大国家研究院做研究工作。对于倪光南来说，出国的机会非常难得。作为研究人员，他深知，计算机汉化系统的研发，需要先进技术的支撑，闭门造车绝对行不通。于是在

1981 年 8 月，倪光南前往加拿大国家研究院工作，担任访问研究员。出国工作让他对计算机技术有了新的认知，同时也熟悉了微型处理器和新的编程语言技术。

两年后，倪光南放弃了加拿大的高薪待遇，决定回国。回国时，他掏光自己在加拿大两年的工资积蓄 8 万美元，自行购买了一批研制微机的关键器材，并动用了集装箱运回国内。朋友们都笑他傻，如果把 8 万美元带回北京，能买十几套房子。但在倪光南心中，把钱用在科研上才是最有意义的事。

回国后，倪光南便马不停蹄地组织课题组进行研发汉字微机。而他访学时掌握的 C 语言和花重金带回的设备，都派上了大用场。仅用不到一年时间，他便研发出中国第一台汉字微机。这项科研成果开启了中国的微机时代。

1984 年，中科院计算所创办了计算所公司，他出任总工程师。加入公司后，他继承在计算所的十年技术积累，很快就研发出来联想汉卡。联想汉卡共计更新了 8 代，为公司创造了上亿元的利润，这也直接促使了公司在成立 5 年后更名为联想集团。

随着联想汉卡带来的经济效益递减，1989 年倪光南开始将科研方向瞄准微机市场，带领技术团队接连开发了 286、386、486 等系列微机，再次让联想打开了国内外市场，带动了计算机在整个民用领域的普及。

1884—1994 年间，倪光南带团队研发出两大科技成果：联想汉卡和系列联想微机。这两个足以载入中国计算机史册的科技成果，也让倪光南于 1988 年和 1992 年先后两次获得国家科技进步一等奖。作为中国唯一一个两次荣获该项殊荣的倪光南，于 1994 年，成为中国工程院的首批院士。

倪光南始终坚持，中国应当通过自主创新，掌握操作系统、CPU 等核心技术。从 1999 年起，他积极支持开源软件，促进中国建立自主完整的软件产业体系。他秉承核心技术不能受制于人的信念，推动中国智能终端操作系统产业联盟的工作，为中国计算机事业的发展做出了巨大贡献。

（资料来源：手机网易网，有改动）

▣▏ 项目考核 ▕▣

填空题

1. 常见的文本通常是指通过键盘可以直接输入的_____、_____、标点符号和_____等。

2. 在制作 Word 文档的过程中，有时需要输入一些_____来使文档条理化，通过中文和数字的结合还可以直接输入_____。

3. 除了对字体格式进行设置外，有时也需要对段落进行格式设置，如设置_____、段落缩进、_____、_____，以及添加项目符号和编号等。

4. 使用_____，不仅可以美化文档，还能使其表达的信息得到充分传递。

5. _____用于显示文档的页数，通常在页面底端的页脚区域插入_____。

6. 当文本或图形等内容填满一页时，Word 文档会自动开始新的一页。如果需要进行强制分页或分节，则可以使用_____功能实现。

7. _____是文档中的注释性信息，如文章的章节标题、作者、日期时间、文件名或单位名称等。

8. _____在一定程度上可以避免用户输入文字时的失误，如_____、文字输入错误等。

选择题

1. 在"资源管理器"窗口中双击一个扩展名为 .docx 的文件，将(　　)。

A. 在屏幕上显示该文件的内容

B. 在打印上打印该文件

C. 打开"写字板"程序窗口，编辑该文件

D. 打开"Word"程序窗口，编辑该文件

2. 在中文 Windows 环境下，文字处理软件 Word 制作过程中，切换两种编辑状态(插入与改写)的命令是按(　　)键。

A. Delete   B. Ctrl＋N

C. Ctrl＋S   D. Insert

3. 在中文 Windows 环境下，文字处理软件 Word 工作过程中，删除插入点以左的字符，是按(　　)键。

A. Enter   B. Insert

C. Delete   D. Backspace

4. 在"窗口"菜单下部列出一些文档名称，它们是(　　)。

A. 最近在 Word 里打开、处理过的文档

B. Word 本次启动后打开、处理过的文档

C. 目前在 Word 中正被打开的文档

D. 目前在 Word 中已被关闭的文档

5. 在 Word 文档中，用 Enter 键设置的是(　　)。

A. 行结束标志   B. 段落标志

C. 节的结束标志   D. 页面标志

6. 在 Word 文档编辑区中，将光标放在某一字符处连续单击 3 次，将选取该字符所在的(　　)。

A. 一个词   B. 一个句子

C. 一行   D. 一个段落

7. 区分自然段应当(　　)。

A. 按 Enter 键   B. 按 Shift＋Enter 键

C. 按 Ctrl＋Enter 键   D. 按 Alt＋Enter 键

8. 对插入的图片，不能进行的操作是(　　)。

A. 放大或缩小   B. 修改其中的图形

C. 移动其在文档中的位置   D. 从矩形边缘裁剪

操作题

1. 安装 Office 2016 软件。

2. 制作公司规章制度。

3. 制作营销计划书文档。

4. 制作错落有致的企业组织结构图文档。

项目二

电子表格处理

▪▪▪▪▪▪ 项目导读

Excel 是 Office 软件的一个重要组件，其工作界面易于使用，使用者能轻松地将庞大的数据图像化。在使用 Excel 制作表格时，需要掌握以下知识点。

(1)创建并保存工作簿。

(2)工作表的基本操作。

(3)设置表格属性。

(4)美化表格。

(5)保护工作簿和工作表。

(6)使用公式与函数。

(7)使用引用单元格快速运算。

(8)对数据进行排序、筛选和分类汇总。

(9)制作数据透视图表。

制作表格的第一步是创建工作簿，然后是输入和编辑数据。工作和生活中常见的 Excel 有考勤表、工资表、销售分析表、考核成绩表等。本项目通过制作员工考勤表、员工工资表、年度销售分析表、员工考核成绩表和销售数据汇总表 5 个典型任务案例，系统介绍使用 Excel 制作表格需要掌握的相关操作。

任务一　制作员工考勤表

使用 Excel 制作表格时，首先要学会工作簿的创建与保存，为了丰富表格内容，还需要在表格中输入文本、数字等内容，最后进行单元格选择、工作表操作、表格行高和列宽调整、单元格合并以及边框和底纹的设置等操作。

 任务描述

本任务是制作某公司的员工考勤表。员工考勤表用于记录员工上班的天数，是公司员工每天上班的证明和领取工资的凭证。员工考勤表能记录具体的上、下班时间，以及员工迟到、早退、旷工、病假、事假、休假等情况。

任务解析

（1）创建并保存工作簿。
（2）Excel 的基本操作。
（3）输入内容。
（4）选择单元格。
（5）调整表格的行高、列宽。
（6）合并单元格。
（7）设置表格的边框和底纹。

★微视频

制作员工考勤表

任务实现

一、创建并保存工作簿

在制作表格之前，首先需要创建一个空白的工作簿，完成后需要将其保存在计算机中，以便下次使用。

（1）打开计算机中任意一个扩展名为".xlsx"格式的文件，单击"文件"按钮，在打开的界面中选择"新建"选项，在"新建"界面中选择"空白工作簿"选项，如图 2-1 所示。

（2）新建一个名为"工作簿 1"的空白工作簿，如图 2-2 所示。

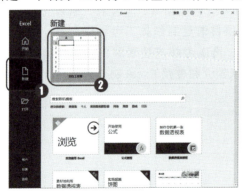

图 2-1　新建空白工作簿

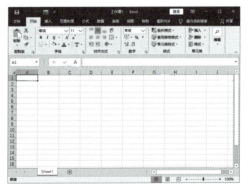

图 2-2　空白工作簿

（3）在新建的空白工作簿中，单击"快速访问工具栏"中的"保存"按钮，或按 Ctrl＋S 组合键，在"另存为"界面中选择"浏览"选项，如图 2-3 所示。

（4）打开"另存为"对话框，在左侧的"保存位置"列表框中选择保存位置，在"文件名"文本框中输入文件名"员工考勤表.xlsx"，单击"保存"按钮，如图 2-4 所示。

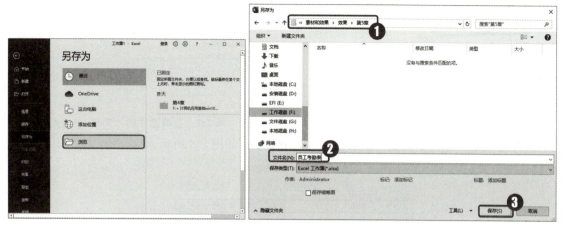

图 2-3　选择"浏览"选项　　　　　　　　图 2-4　设置保存参数

(5)将新建工作簿保存在指定位置，文件名变为"员工考勤表.xlsx"，如图 2-5 所示。

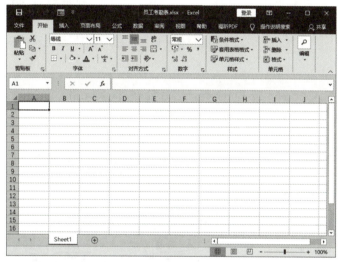

图 2-5　保存新建工作簿

提示

　　保存已有的工作簿，直接单击"保存"按钮或按 Ctrl＋S 组合键即可。在对工作簿进行操作的过程中，为了避免断电、死机等突发情况导致文件丢失，需要随时保存文件。

二、输入文本和数据

　　数据输入是许多人经常花费大量时间进行的工作。针对不同规律的数据，采用不同的输入方法，不仅能减少数据输入的工作量，还能保障输入数据的准确性。在"员工考勤表.xlsx"工作簿中输入需要的文本和数据的具体操作步骤如下。

1. 输入文本

　　(1)在工作表左下角标签"Sheet1"上右击，从弹出的快捷菜单中选择"重命名"命令，将工作表重命名为"考勤表"。

　　(2)单击选择单元格 A1，输入文本"公司员工考勤表　月"，文本自动左对齐，如图 2-6 所示。

　　(3)单击选择单元格 A2，在"编辑栏"中输入文本"序号"，如图 2-7 所示。

图 2-6 输入文本   图 2-7 在编辑栏输入文本

（4）使用相同的方法，依次在工作表中输入其余文本，如图 2-8 所示。

图 2-8 输入其余文本

2. 填充序列

（1）在单元格 A3 中输入"1"后，按 Enter 键，然后选中 A3 单元格，在"开始"｜"编辑"组中单击"填充"按钮，在下拉列表中选择"序列"选项，如图 2-9 所示。

（2）打开"序列"对话框，在"序列产生在"选项组中选中"列"单选按钮，在"类型"选项组中选中"等差序列"单选按钮，在"步长值"文本框中输入"1"，在"终止值"文本框中输入"10"，单击"确定"按钮，如图 2-10 所示。

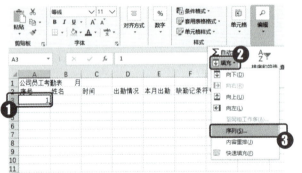
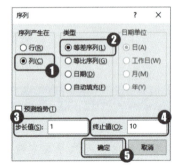

图 2-9 选择"序列"选项   图 2-10 设置序列参数

（3）返回工作表，即可完成序号的填充，效果如图 2-11 所示。

图 2-11 填充序号效果

3. 自动填充

（1）在单元格 C3 中输入"1"，将鼠标指针移动到此单元格的右下角，此时鼠标指针变成十字形状的填充柄，如图 2-12 所示。

（2）按住鼠标左键不放，向右拖动到单元格 AG3，释放鼠标，即可将数字"1"填充到选中的单元格区域中，并在右下角出现一个"自动填充选项"按钮，如图 2-13 所示。

图 2-12　鼠标指针变成十字形状的填充柄　　图 2-13　拖动鼠标填充

（3）单击"自动填充选项"按钮，在打开的下拉列表中选择"填充序列"选项，自动填充 1～31 的数字，如图 2-14 所示。

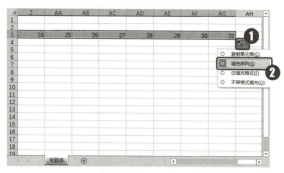

图 2-14　填充序列

4. 插入符号

（1）任意选择一个单元格，输入文本"出勤"，在"插入"｜"符号"组中单击"符号"按钮，如图 2-15 所示。

（2）打开"符号"对话框，在"符号"选项卡中的"字体"下拉列表框中选择"普通文本"选项，在"子集"下拉列表框中选择"数学运算符"选项，在下面的列表框中选中符号"√"，单击"插入"按钮，如图 2-16 所示。

图 2-15　单击"符号"按钮

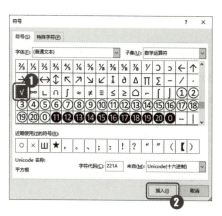

图 2-16　选择符号

(3)单击"关闭"按钮关闭"符号"对话框，返回工作表，符号"√"已插入到单元格中，如图 2-17 所示。

(4)使用相同的方法，在单元格中输入其余文本和符号，如图 2-18 所示。

图 2-17　插入符号　　　　　　　　　　　　图 2-18　输入其余文本和符号

(5)有些符号显示不明显，可更改字体来解决此问题。选择其中一个单元格，按住鼠标左键不放并拖动鼠标，选择多个连续的单元格，在"开始"｜"字体"组中设置字体为"宋体"，如图 2-19 所示。

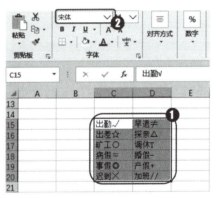

图 2-19　设置字体格式

> **🔊 提示**
>
> 　　按住 Ctrl 键不放，分别单击要选择的单元格，可以选择不连续的单元格；单击行号可选择整行单元格；单击列标可选择整列单元格；单击工作表编辑区左上角行号与列标交叉处的按钮可以选择整个工作表。

🍎 三、输入日期和时间

在 Excel 中，日期的输入通常采用 yy-mm-dd 形式或 mm-dd 形式，也可以将"/"作为连接符，采用 yy/mm/dd 或 mm/dd 形式。输入时间时，可以按 24 小时制输入，也可以按 12 小时制输入。这两种输入方法的输入格式是不同的，如要输入下午 2 时 30 分 38 秒，用 24 小时制输入格式输入"14：30：38"，而用 12 小时制输入格式则输入"2：30：38 p"，注意字母"p"和时间之间有一个空格。在工作表中输入日期和时间的具体操作步骤如下。

(1)选择单元格 C1，输入"2020-11-28"，按 Enter 键即可完成日期输入，日期自动显示为"2020/11/28"，如图 2-20 所示。

🔊 提示

在单元格中输入分数时，如"1/3"，可以直接选择单元格，输入"0（空格）1/3"，然后按 Enter 键，单元格中将显示分数格式。如果直接输入"1/3"，则单元格中将显示日期格式。

（2）选择单元格 C1，在"开始"｜"数字"组中单击右下角"数字格式"按钮，打开"设置单元格格式"对话框，在"数字"选项卡的"分类"列表框中选择"日期"选项，在"类型"列表框中选择"2012 年 3 月 14 日"选项，单击"确定"按钮，如图 2-21 所示。

	A	B	C	D	E
1	公司员工考勤表	月	2020/11/28		
2	序号	姓名	时间	出勤情况	本月出勤
3	1		1	2	3
4	2				
5	3				
6	4				
7	5				
8	6				
9	7				
10	8				
11	9				
12	10				

图 2-20　输入日期

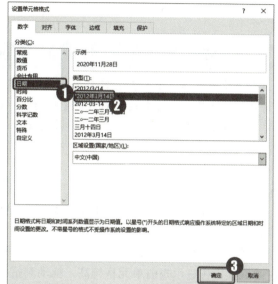

图 2-21　设置日期类型

（3）选择单元格 D1，输入"2:09:10 p"，按 Enter 键完成时间输入，时间显示为"2:09:10 PM"，如图 2-22 所示。

（4）选择单元格 D1，打开"设置单元格格式"对话框，在"数字"选项卡的"分类"列表框中选择"时间"选项，在"类型"列表框中选择"13:30"选项，单击"确定"按钮，如图 2-23 所示。

	A	B	C	D	E
1	公司员工考勤表	月	2020年11月28日	2:09:10 PM	
2	序号	姓名	时间	出勤情况	本月出勤
3	1			2	3
4	2				
5	3				
6	4				
7	5				
8	6				
9	7				
10	8				
11	9				
12	10				

图 2-22　输入时间

图 2-23　设置时间类型

（5）返回工作表，时间显示为"14:09"，如图 2-24 所示。

图 2-24　完成设置

四、调整行高和列宽

　　在 Excel 表格中，为了方便查看表格内容，可根据需要对表格的行高和列宽进行调整。其具体操作步骤如下。

　　(1)将鼠标指针移到第 1 行和第 2 行行标分隔处的边框线上，当鼠标指针变为"↕"形状时，按住鼠标左键不放，将显示当前单元格行高，拖动到适当高度后释放鼠标即可，如图 2-25 所示。

　　(2)选中单元格区域 A1:AG12，在"开始"｜"单元格"组中单击"格式"按钮，在打开的下拉列表中选择"行高"选项，如图 2-26 所示。

图 2-25　拖动边框线调整行高

图 2-26　选择"行高"选项

　　(3)打开"行高"对话框，在"行高"文本框中输入"18"，单击"确定"按钮，如图 2-27 所示。

　　(4)使用相同的方法，打开"列宽"对话框，设置列宽为 3，效果如图 2-28 所示。

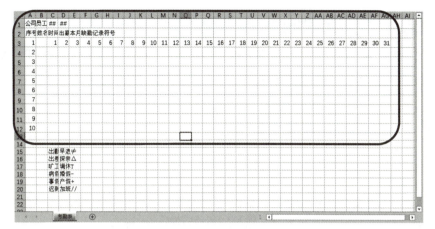

图 2-27　设置行高参数　　　　　　　　　　图 2-28　设置列宽效果

提示

单击"格式"按钮后，在打开的下拉列表中也可选择"自动调整行高"或"自动调整列宽"选项，对选中的单元格区域自动调整行高和列宽。

五、合并单元格

通常情况下，用于打印的表格文件都有表格标题，此时可以使用合并单元格功能，将标题行的单元格进行合并。其具体操作步骤如下。

(1)选中单元格区域 AC1:AG1，在"开始"｜"对齐方式"组中单击"合并后居中"按钮，合并单元格，效果如图 2-29 所示。

(2)选中单元格 D1，按 Ctrl＋X 组合键剪切文本，将其粘贴到之前合并的单元格中，如图 2-30 所示。

图 2-29　合并单元格效果　　　　　　　图 2-30　将文本粘贴到合并的单元格中

(3)选中日期所在的单元格，剪切内容，将其粘贴到需要的单元格中，合并需要的单元格，如图 2-31 所示。

(4)使用相同的方法，合并其他单元格，调整列宽到合适宽度，如图 2-32 所示。

图 2-31　合并日期的对应单元格　　　　　图 2-32　合并并调整其他单元格

单击"合并后居中"按钮右侧的下拉按钮，在打开的下拉列表中可以选择其余合并选项，再次单击"合并后居中"按钮可取消合并。

六、插入和删除单元格

插入单元格就是添加单元格，包括插入整行或整列单元格。在工作表中插入整列单元格的具体操作步骤如下。

(1)选择要插入单元格右侧的整列单元格，在"开始"|"单元格"组中单击"插入"下拉按钮，在打开的下拉列表中选择"插入单元格"选项，如图 2-33 所示。

(2)将"时间"粘贴到插入的列中，重新合并"出勤情况"的对应单元格，同时对"序号""姓名""时间"列的单元格进行调整，如图 2-34 所示。

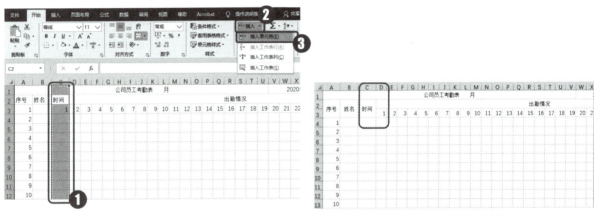

图 2-33　选择"插入单元格"选项　　　　　　　　图 2-34　调整单元格

(3)使用相同的方法，在序号"1"上插入整行，合并相应的单元格，并输入"上午""下午"，如图 2-35 所示。

(4)选择要插入整行的单元格并右击，在弹出的快捷菜单中选择"插入"命令，如图 2-36 所示。在其上方插入行，再合并单元格和输入内容。

图 2-35　插入行

图 2-36　在其他位置插入行

(5)使用相同的方法，插入行，合并单元格并输入内容，如图 2-37 所示。

(6)将插入的特殊符号剪贴到相应的单元格中，如图 2-38 所示。

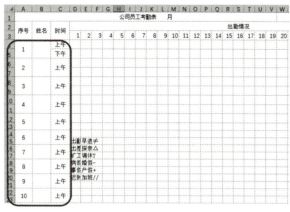

图 2-37　插入行

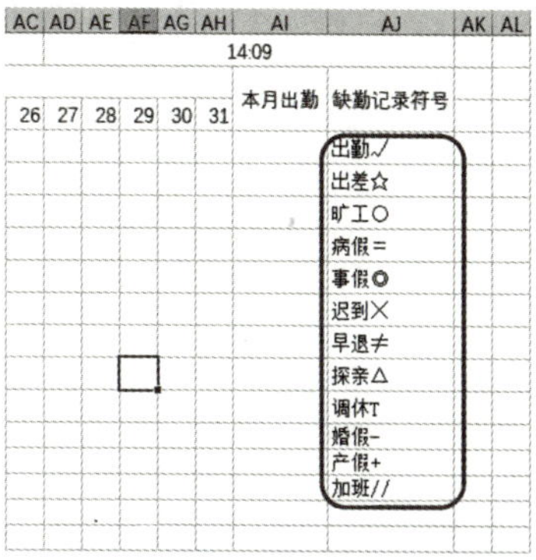

图 2-38　剪贴特殊符号

🔊 **提示**

若要删除单元格，选中要删除的单元格，在"开始"|"单元格"组中单击"删除"下拉按钮，在打开的下拉列表中选择相应的选项即可。

七、设置边框和底纹

编辑表格时，可以为单元格或单元格区域添加边框和底纹，让表格更加直观、精美。为工作表设置边框和底纹的具体操作步骤如下。

（1）选中单元格区域 A1:AI23，在"开始"|"对齐方式"组中单击"对齐设置"按钮，打开"设置单元格格式"对话框，单击"边框"选项卡，在"样式"列表框中选择"细实线"，单击"外边框"和"内部"按钮，单击"确定"按钮，如图 2-39 所示。

（2）选中 AJ2 单元格和 AJ4:AJ23 单元格区域，在"设置单元格格式"对话框的"边框"选项卡中只设置"外框线"，如图 2-40 所示。

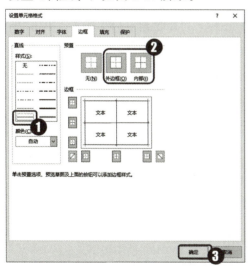

图 2-39　设置边框线

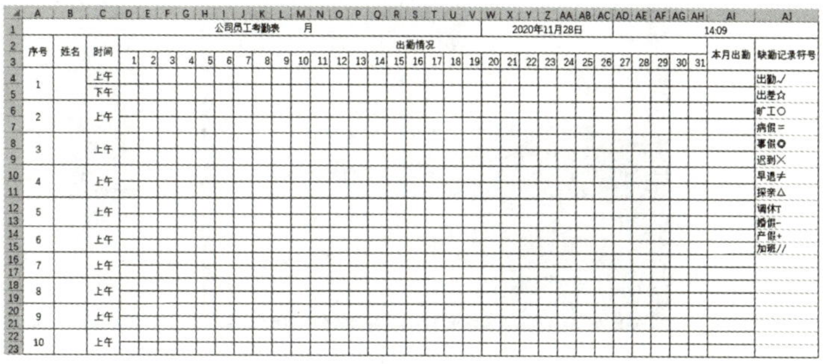

图 2-40　只设置外框线

（3）选中单元格区域 A2:AJ2，在"开始"|"字体"组中单击"填充颜色"按钮，在下拉列表中选择"蓝色，个性色 5，淡色 40％"选项，设置选中单元格的底纹，效果如图 2-41 所示。

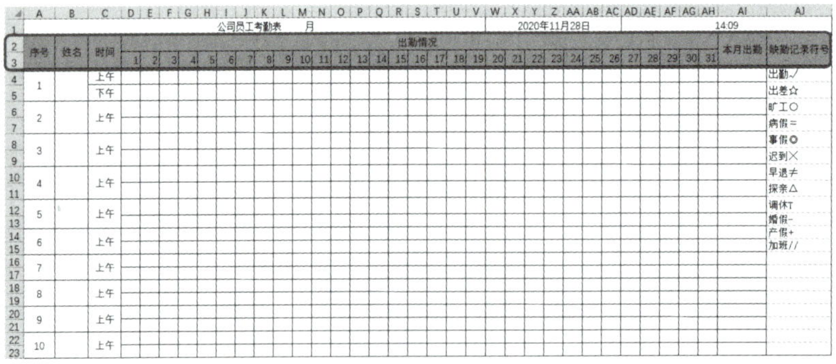

图 2-41　设置底纹

📝 **必备知识**

🍎 **一、工作簿的基本操作**

在 Excel 中，对工作簿的相关操作包括工作簿的新建、保存、关闭和打开等操作，下面一一进行介绍。

1. 新建工作簿

新建工作簿的方式有多种，如可以启动 Excel 软件来新建工作簿，也可以通过快捷菜单来新建工作簿，还可以使用 Excel 操作界面中的"文件"按钮来按用户指定的模板新建工作簿。

（1）通过启动 Excel 软件来新建工作簿。单击桌面左下角的"开始"按钮，在打开的"开始"菜单中单击"所有程序"｜"Microsoft Office"｜"Microsoft Excel 2016"命令，即可启动 Excel，并自动新建一个工作簿。

（2）通过快捷菜单新建工作簿。在桌面上的空白区域右击，打开快捷菜单，选择"新建"命令，在弹出的级联菜单中选择"Microsoft Excel 工作表"命令即可，如图 2-42 所示。

（3）使用"文件"界面的"新建"选项新建工作簿。在 Excel 工作簿窗口中单击"文件"按钮，进入"文件"界面，选择"新建"选项，如图 2-43 所示，单击"空白工作簿"图标，可以创建空白工作簿；单击"模板"工作簿，可以创建模板工作簿。

图 2-42　通过快捷菜单新建工作簿

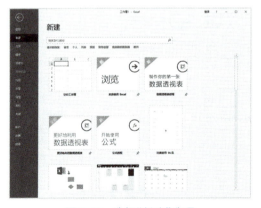

图 2-43　选择"新建"选项

2. 打开工作簿

打开工作簿也是工作簿的基本操作之一，打开的方式通常有以下几种。

（1）在文件夹中，双击需要打开的工作簿，即可打开指定的工作簿。

（2）在 Excel 软件中，单击"文件"按钮，进入"文件"界面，选择"打开"命令，即可打开指定路径的文件。

3. 保存工作簿

当用户完成对工作簿的编辑后，需要进行保存，这样再次打开工作簿时，数据才不会消失。保存工作簿的常用方法有以下几种。

(1)完成工作表的编辑后，直接单击快速访问工具栏中的"保存"按钮，即可完成工作簿的保存。

(2)在 Excel 软件中，单击"文件"按钮，进入"文件"界面，选择"保存"命令即可。

4. 关闭工作簿

完成对工作簿的操作后，需要关闭工作簿，退出 Excel 软件。关闭工作簿也有多种方式，下面一一进行介绍。

(1)在 Excel 工作簿窗口，单击右上角的"关闭"按钮即可。

(2)在 Excel 软件中，单击"文件"按钮，进入"文件"界面，选择"关闭"命令即可，如图 2-44 所示。

(3)在标题栏上右击，打开快捷菜单，选择"关闭"命令即可，如图 2-45 所示。

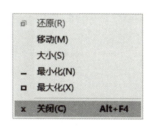

图 2-44　选择"关闭"命令　　　　图 2-45　选择"关闭"命令

5. 保护工作簿

为了防止 Excel 工作簿中的数据内容泄露或丢失，通常采用"保护"功能保护工作簿的安全，有以下几种保护手段。

(1)设置密码保护工作簿。在 Excel 中，可通过设置密码来保护工作簿的安全。使用设置有密码保护的文件时，会要求使用者输入密码，只有得到许可的用户才能对工作簿进行操作，没有授权的用户将不能对文件进行任何读写操作。

(2)设置只读方式。如果仅允许其他用户查看该工作簿中的内容，可以以只读的方式打开工作簿，此时，不允许其他用户对工作簿进行修改。

(3)保护工作簿结构。对 Excel 进行保护，可以完全防止他人对工作簿的结构做任何更改。对于已经保护结构的工作簿，用户将不能在工作簿中进行插入与删除工作表的操作。

二、工作表操作

工作表是显示在工作簿窗口中的表格，一个工作表可以由 1 048 576 行和 16384 列构成。行的编号从 1 到 1 048 576，列的编号依次用字母 A、B……XFD 表示。行号显示在工作簿窗口的左边，列号显示在工作簿窗口的上边。

1. 选择工作表

工作表最基础的操作是工作表的选择，只有先选择工作表，才能进行更改名称、在工作表之间切换等操作。工作表的选择可以分为选择一个工作表和选择多个工作表两种。

(1)选择一个工作表。用鼠标单击工作簿中需要选择的工作表标签，如"Sheet1"，该工作表即成为活动工作表，工作表标签显示为白色，此时的任何操作都只在该工作表中进行，而不会影响其他工作表。

（2）选择多个工作表。如果需要同时选择多个工作表，可以先按住 Ctrl 键，然后单击需要选择的工作表标签，被选中的多个工作表标签均显示为亮色，成为当前编辑窗口，此时的操作能够同时改变所选择的多个工作表。

（3）选择多个相邻的工作表。如果选择的多个工作表是相邻的，则只需按住 Shift 键，再单击第一个和最后一个工作表标签。

2. 插入工作表

如果用户所需的工作表数目超过了 Excel 中默认的数量，用户可以直接在工作簿中插入更多数目的工作表供自己使用。插入工作表的具体方法有以下三种。

（1）通过"插入工作表"按钮插入新工作表。在工作簿窗口下方直接单击工作表标签右侧的"插入工作表"按钮，系统会自动在选中的工作表右侧插入新的工作表，并且自动命名为"Sheetn"（n 为序号）。

（2）通过功能区插入新工作表。在"开始"选项卡的"单元格"组中，单击"插入"下拉按钮，在下拉列表中选择"插入工作表"命令，如图 2-46 所示。

（3）通过快捷菜单插入新工作表。在工作簿的标签上右击，打开快捷菜单，选择"插入"命令，打开"插入"对话框，选择"工作表"选项，单击"确定"按钮即可，如图 2-47 所示。

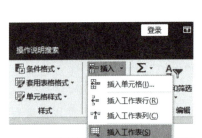

图 2-46　选择"插入工作表"命令

图 2-47　"插入"对话框

3. 删除工作表

如果不再需要工作簿中的某一个工作表，可以将其从工作簿中删除。删除工作表有以下两种方法。

（1）通过功能区删除工作表。选择需要删除的工作表，在"开始"选项卡的"单元格"组中，单击"删除"下拉按钮，在下拉列表中选择"删除工作表"命令，如图 2-48 所示。

图 2-48　通过功能区删除工作表

(2)通过快捷菜单删除工作表。右击窗口下方需要删除的工作表标签，在弹出的快捷菜单中选择"删除"命令，如图 2-49 所示。当要删除的工作表中包含数据时，将弹出提示对话框，提示用户确认是否删除，单击"删除"按钮即可。

图 2-49　通过快捷菜单删除工作表

4. 移动工作表

在工作簿内可以随意移动工作表，调整工作表的次序，还可以将一个工作簿中的工作表移动到另一个工作簿中。

(1)直接拖动工作表。单击需要移动的工作表标签，按住鼠标左键并横向拖动，标签的左端会显示一个黑色三角形，黑色三角形的位置即为移动到的位置，释放鼠标，工作表即被移动到指定位置。

(2)使用对话框移动工作表。右击需要移动的工作表标签，在弹出的快捷菜单中选择"移动或复制"命令，如图 2-50 所示。在打开的"移动或复制工作表"对话框的"下列选定工作表之前"列表框中选择适当的工作表，单击"确定"按钮即可，如图 2-51 所示。

图 2-50　选择"移动或复制"命令

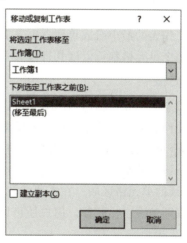

图 2-51　"移动或复制工作表"对话框

5. 复制工作表

复制工作表与移动工作表的唯一区别是将工作表从一个位置移动到另一个位置后，原位置上的工作表就没有了，而复制工作表不会影响原来的工作表。同移动工作表类似，复制工作表也有两种方法。

(1)直接拖动工作表。按住 Ctrl 键，单击需要复制的工作表标签，按住鼠标左键并横向拖动，标签的左端会显示一个黑色三角形，拖动到需要的位置后释放鼠标，再释放 Ctrl 键，即可复制工作表。

(2)使用对话框复制工作表。使用对话框复制工作表的操作与使用对话框移动工作表相似，唯一的区别在于，复制工作表需要在"移动或复制工作表"对话框中，勾选"建立副本"复选框。

6. 显示或隐藏工作表

在实际工作中，有时需要将工作簿共享以供其他用户查阅，如果不希望其他用户看到某个工作表中的数据，可以将该工作表隐藏起来，待其他用户查阅完毕时再显示出来。显示或隐藏工作表的具体操作方法如下。

(1)隐藏工作表。在需要隐藏的工作表标签上单击鼠标右键，在弹出的快捷菜单中选择"隐藏"命令，即可隐藏工作表，如图 2-52 所示。

(2)显示工作表。在工作表标签上单击鼠标右键，在弹出的快捷菜单中选择"取消隐藏"命令，即可显示隐藏的工作表，如图 2-53 所示。

图 2-52　隐藏工作表

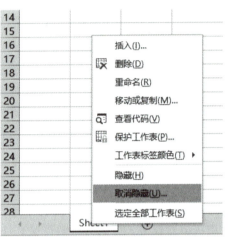

图 2-53　显示工作表

三、单元格操作

单元格是工作表的最小组成单位，也是 Excel 操作的最小单元。工作表中的每个行列交叉就构成一个单元格。每个单元格都可以以其行号和列标来标识。

1. 选择单元格

处于选择状态的单元格称为当前单元格，也可以称为活动单元格。当用户需要对某个单元格进行操作时，必须先使其成为当前单元格，即要先选择该单元格，才能进行其他操作。

(1)选择单个单元格。将鼠标指针移动到单元格上，单击鼠标左键，此时该单元格会被粗框包围，而名称框会显示该单元格的名称。

(2)选择连续的单元格区域。在需要选取的起始单元格上单击，按住鼠标左键不放拖动鼠标，指针经过的矩形框即被选中。此外，用户还可以先选择起始的单元格，按住 Shift 键，然后单击最后一个单元格。

(3)选择不连续的单元格区域。单击任意一个要选择的单元格，按住 Ctrl 键不放的同时依次选中其他要选择的单元格。

(4)选择整行或整列的单元格区域。在要选择的行标题或者列标题上单击，即可选择整行或整列单元格区域。

(5)选择所有单元格。在工作表左上角的行标题和列标题交叉处单击，即可快速选择工作表中所有的单元格。

2. 插入单元格

在对工作表进行编辑的过程中，插入单元格是常用的操作之一。插入单元格的具体方法是，选择单元格并右击，在弹出的快捷菜单中选择"插入"命令，打开"插入"对话框，如图 2-54 所示，在对话框中选中不同的单选按钮，即可插入单元格。

3. 删除单元格

当用户不需要表格中的某个单元格时，可以将其从工作表中删除。删除单元格的具体方法是，选择单元格并右击，在弹出的快捷菜单中选择"删除"命令，打开"删除"对话框，如图 2-55 所示，在对话框中选中不同的单选按钮，即可删除该单元格。

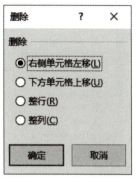

图 2-54 "插入"对话框　　图 2-55 "删除"对话框

4. 合并单元格

在调整单元格布局的时候，往往需要将某些相邻的单元格合并成一个单元格，以使这个单元格区域适应工作表的内容。在 Excel 中，合并单元格的方式有 3 种：合并后居中、跨越合并和合并单元格。

合并单元格的方法是，选择需要合并的单元格，然后在"开始"｜"对齐方式"组中，单击"合并后居中"下拉按钮，打开下拉列表，选择不同的选项，即可合并单元格，如图 2-56 所示。

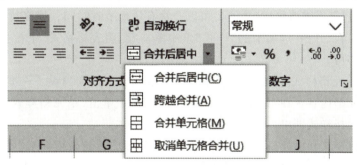

图 2-56 合并单元格选项

四、导入外部数据

Excel 不仅可以存储和处理本机数据，还可以导入来自网站、文本、Access 数据库等外部数据源的数据，并利用相应的功能对导入数据进行整理和分析。其具体操作如下。

(1)打开 Excel，选择"数据"｜"获取外部数据"组，其中提供了不同的外部数据源，如网站、文本、Access、现有连接等，用户可以根据需要选择，如图 2-57 所示。以下以单击"自文本"按钮为例。

图 2-57 "获取外部数据"组

(2)打开"导入文本文件"对话框，在其中选择要导入的文本后，单击"导入"按钮，如图 2-58 所示。

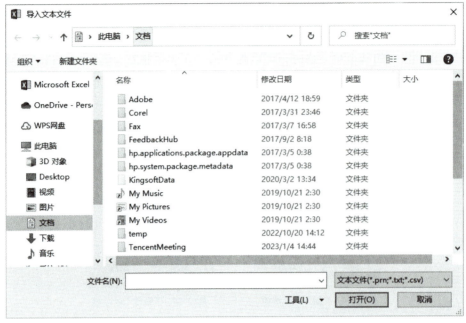

图 2-58 "导入文本文件"对话框

（3）在打开的"文本导入向导"对话框中，根据提示信息设置导入参数后，单击"完成"按钮，即可将文本文件导入工作表中。

五、表格格式

使用 Excel 提供的"套用表格格式"功能，可以非常有效地节省时间、提高效率、规范表格。

选择单元格区域，在"开始"选项卡的"样式"组中单击"套用表格格式"下拉按钮，打开下拉列表，选择合适的表格样式即可。

Excel 还提供了"单元格样式"功能，针对主题单元格和表格标题预设了一些样式，让用户快速地选择和使用。选择单元格内容，在"开始"选项卡的"样式"组中单击"单元格样式"下拉按钮，打开下拉列表，选择合适的单元格样式即可。

如果对已有的表格样式和单元格样式不满意，则可以通过"新建表格样式"和"新建单元格样式"命令，在打开的"新建表样式"对话框和"样式"对话框中自定义表格样式和单元格样式，如图 2-59 所示。

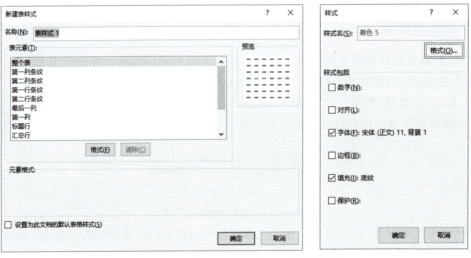

图 2-59 "新建表样式"对话框和"样式"对话框

六、数字格式

对于 Excel 中的数字、日期、货币等数据类型，可以根据需要为它们设置多种格式。用来设置数字格式的命令按钮集中在"开始"选项卡的"数字"组中，如图 2-60 所示。

图 2-60　"数字"功能组

1. 设置日期格式

日期是 Excel 中常见的数据类型之一，Excel 为日期数据提供了多种格式。日期格式有短日期和长日期两种类型，如图 2-61 所示。

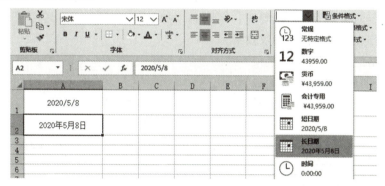

图 2-61　两种类型的日期格式

2. 设置会计专用格式

Excel 常被应用于会计工作中，对于这些数据，可以设置会计专用格式。选择要设置为会计专用格式的单元格或单元格区域，在"开始"｜"数字"组中单击"数字格式"下拉按钮，打开下拉列表，选择"会计专用"选项即可。

3. 设置小数位数

在实际工作中，特别在处理与数据计算相关的工作时，通常需要根据用户的需求设置小数位数。选择要更改小数位数的单元格区域后，在"开始"｜"数字"组中单击"数字格式"按钮，打开"设置单元格格式"对话框，在"分类"列表框中选择"数值"选项，设置"小数位数"参数即可，如图 2-62 所示。

图 2-62　设置小数位数

4. 设置百分比格式

设置百分比格式的方法很简单，选择要设置为百分比的单元格或单元格区域，在“开始”|“数字”组中单击“百分比”按钮即可。

训练任务

在素材文件夹中新建一个工作簿，然后进行输入数据、合并单元格、调整表格行高和列宽等基础操作。

具体操作要求如下。

(1)新建一个工作簿，并将其保存为“来访人员登记表”。

(2)在其中输入相关文本信息。

(3)选择表头单元格，对其进行合并操作。

(4)设置表头的字体为方正报宋简体、字号 18、加粗文本。

(5)设置表格内容的字体为方正细等线、字号 11、加粗文本。

(6)为相应的工作表添加边框和底纹效果。

(7)调整相应表格的行高和列宽。

来访人员登记表的最终效果如图 2-63 所示。

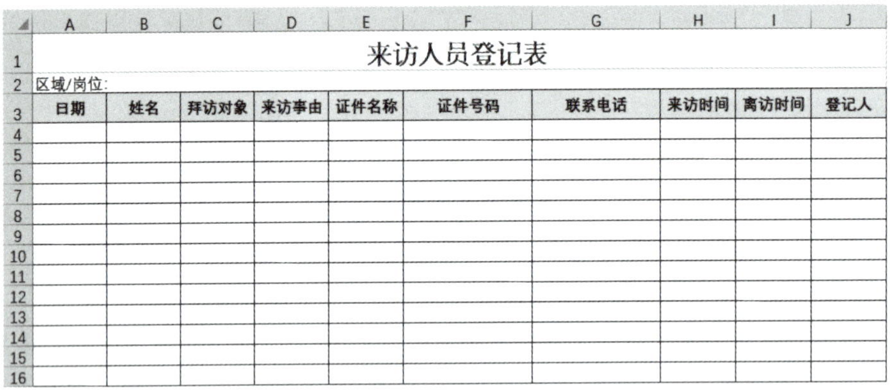

	A	B	C	D	E	F	G	H	I	J
1	来访人员登记表									
2	区域/岗位:									
3	日期	姓名	拜访对象	来访事由	证件名称	证件号码	联系电话	来访时间	离访时间	登记人
4										
5										
6										
7										
8										
9										
10										
11										
12										
13										
14										
15										
16										

图 2-63　来访人员登记表的最终效果

任务二　制作员工工资表

在 Excel 中进行表格函数的计算时，首先要学会公式的输入与单元格的引用。为了保证公式的正确性，还可以对公式进行检查。

任务描述

本任务是制作某公司的员工工资表。工资表又称为工资结算表，是每月按部门编制的表格，通常在工资表中，会根据工资卡、考勤记录、产量记录及代扣款项等资料按人名填列“应付工资”“代扣款项”“实发金额”三大部分。

任务解析

(1)通过“公式”进行运算。

(2)使用“引用单元格”进行快速运算。

(3)对公式进行“检查”。

任务实现

一、通过"公式"计算工资

★ 微视频

制作员工工资表

Chapter
02

公式是 Excel 中进行数值计算和分析的等式。公式输入是以"＝"开始的。简单的公式有加、减、乘、除等，复杂的公式可能包含函数、引用、运算符和常量等。下文使用公式对"员工工资表 . xlsx"工作表进行运算。

（1）打开"员工工资表.xlsx"素材文件，选中单元格 E6，输入公式起始符号"＝"，如图 2-64 所示。

（2）输入公式元素"C6＋D6"，如图 2-65 所示。

图 2-64　输入"＝"号 图 2-65　输入公式元素"C6＋D6"

（3）按 Enter 键完成运算，如图 2-66 所示。

（4）选中单元格 C15，输入公式起始符号"＝"，再输入求和函数"SUM()"，如图 2-67 所示。

图 2-66　完成运算 图 2-67　输入求和函数"SUM( )"

（5）将光标定位在公式中的括号内，拖动鼠标选中单元格 C6:C14 区域，如图 2-68 所示。

（6）释放鼠标，可在单元格 C15 中看到完整的求和公式"sum(C6:C14)"，按Enter 键即可得到运算结果，如图 2-69 所示。

图 2-68　选中单元格 C6：C14 图 2-69　求和运算结果

（7）选中单元格 E7，输入"+"，再输入公式元素"C7+D7"，如图 2-70 所示。

（8）按 Enter 键，程序会自动在公式前面加上"="符号，并将数据计算出来，如图 2-71 所示。

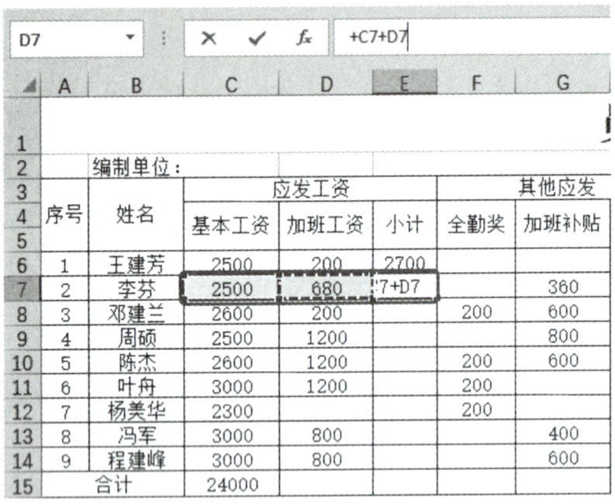

图 2-70　输入公式元素"=C7+D7"

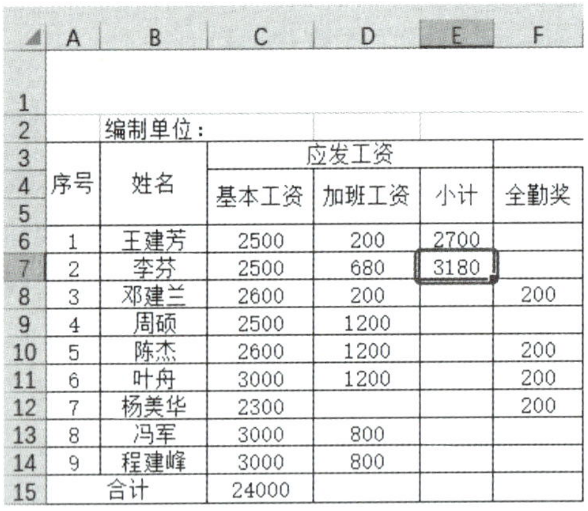

图 2-71　完成运算

🔊 **提示**

若要对公式进行更改，可选中有公式的单元格，双击该单元格或在公式编辑栏中对公式进行编辑，也可按 F2 键对公式进行编辑。

二、使用"引用单元格"进行快速运算

单元格的相对引用是基于包含公式和引用的单元格的相对位置而言的；绝对引用则总是在指定位置引用单元格；混合引用包括绝对列和相对行，或绝对行和相对列。在工作表中使用相对引用来运算的具体操作步骤如下。

（1）选中 E7 单元格，E7 单元格是相对引用了公式中的单元格 C7 和 D7。将鼠标移动到单元格的右下角，当鼠标指针变成"十"字形状时双击，将公式填充到本列其他单元格中，如图 2-72 所示。

（2）选中 H7 单元格，输入公式"=F7+G7"，得到结果后使用相同的方法将公式填充到本列其他单元格中，如图 2-73 所示。

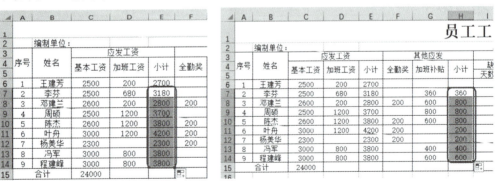

图 2-72　填充公式

图 2-73　运算其他合计项

（3）按 Ctrl+C 组合键复制任意一个求和公式的单元格，如 H7，拖动选中需要求和的单元格区域 N6：N14 和 C15:N15，按 Ctrl+V 组合键粘贴公式，如图 2-74 所示。

员工工资表													
编制单位：								所属月份：					
序号	姓名	应发工资			其他应发			其他应扣					
		基本工资	加班工资	小计	全勤奖	加班补贴	小计	缺勤扣款 天数	缺勤扣款 扣款	事假扣款	病假扣款	迟到扣款	小计
1	王建芳	2500	200	2700								50	50
2	李芬	2500	680	3180		360	360					50	50
3	邓建兰	2600	200	2800	200	600	800						0
4	周硕	2500	1200	3700		800	800			120		50	170
5	陈杰	2600	1200	3800	200	600	800						0
6	叶舟	3000	1200	4200	200		200						0
7	杨美华	2300		2300	200		200						0
8	冯军	3000	800	3800		400	400			240			240
9	程建峰	3000	800	3800		600	600					100	100
合计		24000	6280	30280	800	3360	4160	0	0	360	0	250	610

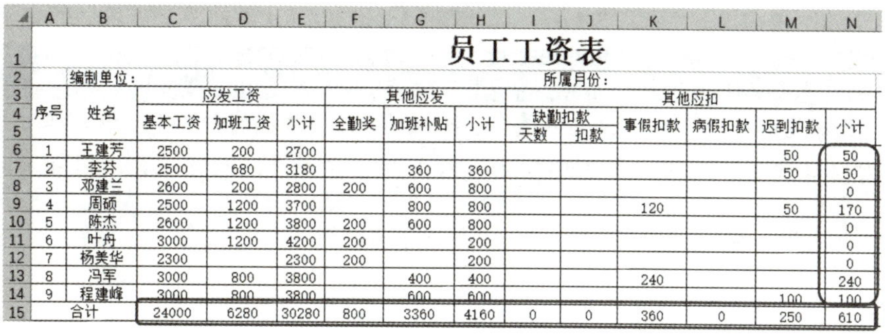

图 2-74　复制公式

三、对公式进行“检查”

在 Excel 中，要查询公式错误的原因，可以使用“错误检查”功能，根据设定对输入的公式自动进行检查。其具体操作步骤如下。

（1）任意选择一个单元格，将公式输入错误，按 Enter 键后，单元格会显示“#NAME?”。选择该单元格，在“公式”|“公式审核”组中，单击“错误检查”下拉按钮，打开下拉列表，选择“错误检查”选项，如图 2-75 所示。

（2）打开“错误检查”对话框，显示公式错误的位置以及错误的原因，单击“在编辑栏中编辑”按钮，如图 2-76 所示。

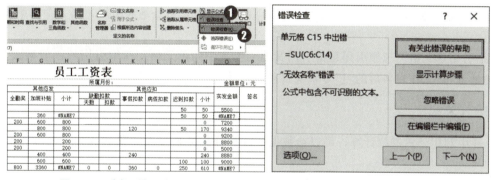

图 2-75　选择“错误检查”选项

图 2-76　打开“错误检查”对话框

（3）返回工作区，在编辑栏的公式中输入正确的公式，单击“错误检查”对话框中的“继续”按钮，如图 2-77 所示。

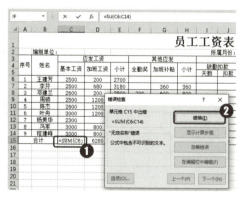

图 2-77　输入正确公式

（4）系统会自动检查表格中的下一个公式错误，如果表格中已没有公式错误，将打开提示对话框，提示已经完成对整个工作表的错误检查，单击“确定”按钮，将工作表保存为“员工工资表－结果文件.xlsx”。

> **🔊 提示**
>
> 在"公式"|"公式审核"组中单击"监视窗口"按钮，打开"监视窗口"对话框，单击"添加监视"按钮，可以添加需要监视的单元格，即使该单元格不在当前窗口中，也可以在对话框中查看该单元格的公式信息。

必备知识

一、单元格引用

（1）相对引用单元格。在输入公式的过程中，除非用户特别指明，Excel 一般使用相对引用来引用单元格位置。例如，在单元格中输入公式"=B2+C2"，该公式中对单元格的引用就采用了相对引用的方式。当用序列向下填充公式时，公式中引用单元格的地址会随之发生相应的变化。

（2）绝对引用单元格。在单元格列或行标志前加一个美元符号，如 \$B\$6，即表示绝对引用单元格 B6。包含绝对引用单元格的公式，无论将其复制到什么位置，总是引用特定的单元格。例如，在单元格中输入公式"=\$B\$6+\$C\$6"，当用序列向下填充公式时，公式中引用的单元格地址不会发生任何变化，它总是引用特定的单元格 B6 和 C6。

（3）混合引用单元格。混合引用是指在一个单元格的引用中，既有绝对引用，也有相对引用。例如，在单元格中输入公式"=\$B\$2+C2-D2"，则第 1 个单元格是绝对引用，第 2 个和第 3 个单元格是相对引用。

（4）三维引用单元格。三维引用是指引用其他工作表中的单元格，三维引用的一般格式为"工作表名！单元格地址"，工作表名后的"！"是系统自动加上的。

二、输入公式

在 Excel 中利用公式进行计算，可以给数据统计和分析带来很大的便利。公式的输入有手动和自动两种。

（1）手动输入公式。公式的输入是以等号开始的。选择单元格后，就可以输入公式了，既可以在单元格中直接输入，也可以单击 Excel 上方的编辑栏，在编辑栏中输入公式。输入后在单元格和编辑栏中都会显示公式内容，如图 2-78 所示。单击编辑栏左侧的对号按钮或按 Enter 键，可以结束输入，Excel 会自动根据公式内容进行计算。

（2）自动输入公式。除了手动输入公式外，还可以使用鼠标输入公式并进行计算。选中需要输入公式的单元格，单击"编辑"组中的"求和"下拉按钮，在下拉列表中选择"求和"选项，如图 2-79 所示，系统会自动选择需要求和的单元格。

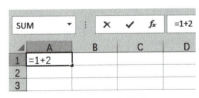

图 2-78　显示公式内容

图 2-79　选择"求和"选项

三、后台错误检查

当公式的结果返回错误值时，应该及时查找错误原因并修改公式以解决问题。Excel 提供了后台错误检查的功能。

选择"文件"|"选项"命令，打开"Excel 选项"对话框，在左侧列表框中选择"公式"选项，在"错误检查"选项组中勾选"允许后台错误检查"复选框，并在"错误检查规则"选项组中勾选 9 个规则对应的复选框，如图 2-80 所示。

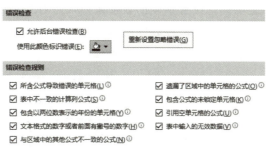

图 2-80　勾选"错误检查""错误检查规则"复选框

当单元格中的公式或值出现与上述错误情况相符的状况时，单元格左上角会显示一个绿色的小三角形智能标记。当选定包含该智能标记单元格时，单元格左侧将出现感叹号形状的"错误指示器"下拉按钮，打开下拉列表，选择对应的选项，即可对计算步骤、错误进行检查，以得到正确的计算结果，如图 2-81 所示。

图 2-81　错误指示器

四、数据验证

在 Excel 中，为了避免在输入相同的数据时出现过多的错误，可以通过"数据验证"来限制输入的内容，从而保证数据输入的准确性，提高工作效率。其操作方法如下。

选择需要设置数据验证的单元格或区域，单击"数据"选项卡"数据工具"组中的"数据验证"按钮，在打开的"数据验证"对话框中指定数据验证的条件，如图 2-82 所示。

图 2-82　"数据验证"对话框

🔊 **提示**

要取消数据验证时，可在"数据验证"对话框中单击左下角的"全部清除"按钮。

在设置数据验证后，可根据需要，设置不同的验证条件，并对"输入信息""出错警告""输入法模式"等选项卡中的内容进行设置，如图 2-83 至 2-85 所示。

图 2-83 "输入信息"选项卡

图 2-84 "出错警告"选项卡

图 2-85 "输入法模式"选项卡

🍎 **五、保护表格**

为了防止他人随意更改表格，用户可以对工作表和工作簿设置密码保护。下面分别对保护工作表和保护工作簿进行介绍。

（1）在"审阅"｜"保护"组中单击"保护工作表"按钮，如图 2-86 所示。

（2）打开"保护工作表"对话框，勾选"保护工作表及锁定的单元格内容"复选框，在密码文本框中输入密码"123"，单击"确定"按钮，如图 2-87 所示。

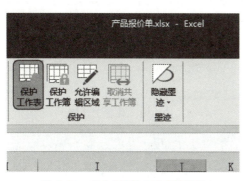

图 2-86 单击"保护工作表"按钮

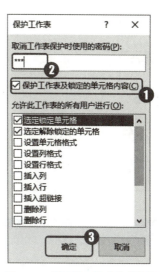

图 2-87 "保护工作表"对话框

（3）打开"确认密码"对话框，在"重新输入密码"文本框中输入密码"123"，单击"确定"按钮，如图 2-88 所示。

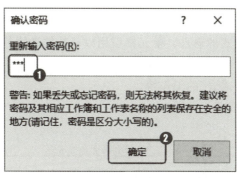

图 2-88 确认密码

（4）工作表成功设置密码保护，如果要修改某个单元格中的内容，则会打开提示对话框，直接单击"确定"按钮即可，如图 2-89 所示。

图 2-89 打开提示对话框

🔊 提示

　　若要取消对工作表的保护，在"审阅"｜"保护"组中单击"撤销工作表保护"按钮，打开"撤销工作表保护"对话框，在"密码"文本框中输入密码"123"，单击"确定"按钮即可。

（5）在"审阅"｜"保护"组中单击"保护工作簿"按钮，打开"保护结构和窗口"对话框，勾选"结构"复选框，在"密码"文本框中输入密码"1234"，单击"确定"按钮，如图 2-90 所示。

（6）打开"确认密码"对话框，在"重新输入密码"文本框中输入密码"1234"，单击"确定"按钮，保护后便不能对其中的工作表进行移动、删除或添加操作，如图 2-91 所示。

图 2-90　"保护结构和窗口"对话框

图 2-91　保护工作簿

> **提示**
>
> 　　若要取消对工作簿的保护，在"审阅"｜"保护"组中单击"保护工作簿"按钮，打开"撤销工作簿保护"对话框并输入密码，单击"确定"按钮即可。

训练任务

制作"工资提成表"，进行公式的输入、单元格引用以及数据计算等基础操作。

具体操作要求如下。

(1)打开一个命名为"工资提成表"的工作簿。

(2)使用公式计算总价和提成费用。

工资提成表的最终效果如图 2-92 所示。

序号	成交房屋情况					提成比例	提成	姓名	领取人签字	备注
	姓名	房号	面积（m²）	单价（元）	总价（元）					
1	丁宇	2-1-704	96.35	3840.17	370000.3795	3%	11100.011	张君		
2	管理提成	1套	96.35	3840.17	370000.3795	0.80%	2960.003	何军		
	接盘提成	同上	同上	20000	1927000	15%	289050	何军		
3	合计						303110.01			
制表人：张君										
							公司领导签字：			
								年　　月　　日		

二月份到账佣金提成表

图 2-92　工资提成表的最终效果

任务三　制作年度销售分析表

在 Excel 中进行表格数据的分析时，首先要学会创建图表和迷你图表来展示数据。为了让图表更加美观，还需要对图表的大小、位置和格式进行设置。

任务描述

本任务是制作年度销售分析表，主要用于衡量和评估经理人员所制定的计划销售目标与实际销售之间的关系。

任务解析

(1)创建分析图表。

(2)设置图表格式。

(3)创建与编辑"迷你图"。

制作年度销售
分析表

任务实现

一、插入图表

在 Excel 中创建图表的方法非常简单,用户可以根据实际需要选择系统自带的图表类型插入图表,其具体操作步骤如下。

(1)打开"年度销售分析.xlsx"工作表,选中单元格区域 A1:E7,在"插入"│"图表"组中单击"柱形图"按钮,在打开的下拉列表中选择"簇状柱形图"选项,如图 2-93 所示。

(2)根据源数据创建一个簇状柱形图,如图 2-94 所示。

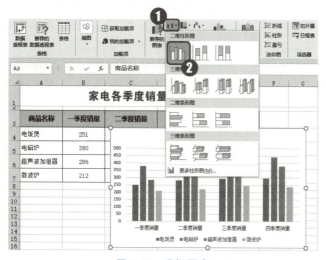

图 2-93　选择图表

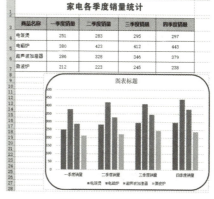

图 2-94　创建图表

(3)选中图表,将图表标题改为"家电各季度销量统计",如图 2-95 所示。

(4)选中图表,在"图表工具"│"设计"│"类型"组中单击"更改图表类型"按钮,如图 2-96 所示。

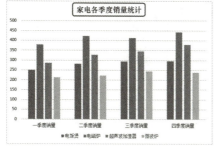

图 2-95　输入图表标题

图 2-96　单击"更改图表类型"按钮

(5)打开"更改图表类型"对话框,选择"折线图"类型,在右侧选择"带数据标记的折线图"选项,单击"确定"按钮,如图 2-97 所示,即可将图表变成折线图。

(6)选中图表,在"图表工具"│"设计"│"类型"组中单击"快速布局"按钮,在打开的下拉列表中选择"布局 9"选项,图表即可应用"布局 9"样式,如图 2-98 所示。

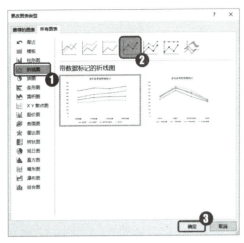

图 2-97　更改图表类型

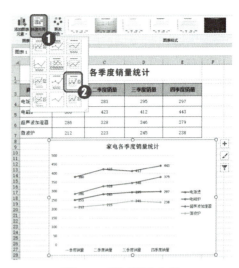

图 2-98　更改图表布局

📖 二、美化"图表"

　　图表编辑完成后，可以通过应用预设图表样式、更改颜色等方式来修饰和美化图表，具体操作步骤如下。

　　(1)选中图表，在"图表工具"｜"设计"｜"图表样式"组中单击列表框右下角的"其他"按钮，在打开的下拉列表中选择"样式 4"选项，如图 2-99 所示。

　　(2)选中图表，在"图表工具"｜"设计"｜"图表样式"组中单击"更改颜色"按钮，在打开的下拉列表中选择"彩色调色板 4"选项，如图 2-100 所示。

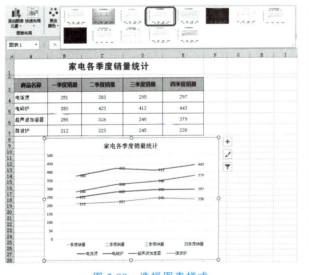

图 2-99　选择图表样式

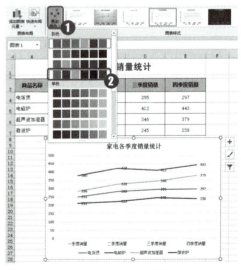

图 2-100　选择图表颜色

　　(3)选中图表，在图表的右上角单击"图表元素"按钮，在打开的"图表元素"列表中勾选"数据标签"复选框，单击右侧的按钮，在打开的列表中选择"居中"选项，即可为图表添加居中的数据标签，如图 2-101 所示。

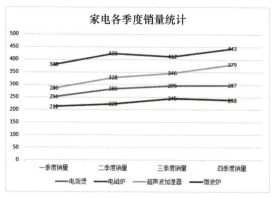

图 2-101 添加居中的数据标签

提示

选中图表后，单击其右上角的“图表样式”按钮和“图表筛选器”按钮，也可对图表的样式和图表显示的内容信息进行调整。

三、创建与编辑“迷你图”

迷你图是绘制在单元格中的一个微型图表，用迷你图可以直观地反映数据系列的变化趋势。创建迷你图后还可以根据需要对迷你图进行自定义，如高亮显示最大值和最小值、调整迷你图颜色等。

(1)选中图表，拖动鼠标移动其位置。在表格右侧添加一列，列标题为“迷你图”。

(2)选中单元格 F4，在“插入”|“迷你图”组中单击“折线”按钮，如图 2-102 所示。

(3)打开“创建迷你图”对话框，在“数据范围”文本框中将数据范围设置为“B4:E4”，单击“确定”按钮，如图 2-103 所示。

商品名称	一季度销量	二季度销量	三季度销量	四季度销量	迷你图
电饭煲	251	283	295	297	
电磁炉	380	423	412	443	
超声波加湿器	286	328	346	379	
微波炉	212	223	245	238	

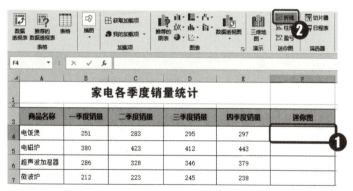

图 2-102 单击“折线”按钮

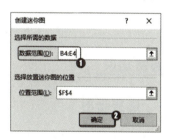

图 2-103 “创建迷你图”对话框

(4)在单元格 F4 中插入一个迷你图，选中单元格 F4，将鼠标指针移动到单元格的右下角，此时鼠标指针变成“十”字形状，按住鼠标右键向下拖动到单元格 F7，将迷你图填充到选中的单元格区域内，如图 2-104 所示。

家电各季度销量统计

商品名称	一季度销量	二季度销量	三季度销量	四季度销量	迷你图
电饭煲	251	283	295	297	
电磁炉	380	423	412	443	
超声波加湿器	286	328	346	379	
微波炉	212	223	245	238	

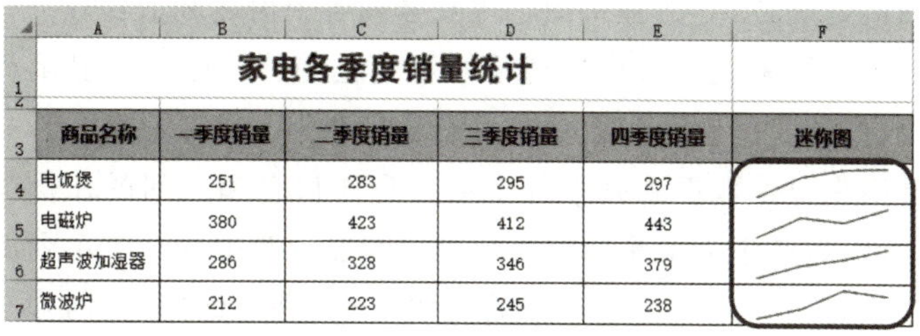

图 2-104 创建迷你图

（5）选择单元格区域 F4:F7，在"迷你图工具"|"设计"|"样式"组中单击"样式"列表框右下角的"其他"按钮，在打开的下拉列表中选择"深蓝，迷你图样式深色♯6"选项。

（6）选中迷你图单元格，在"迷你图工具"|"设计"|"显示"组中勾选"高点"和"低点"复选框，如图 2-105 所示。

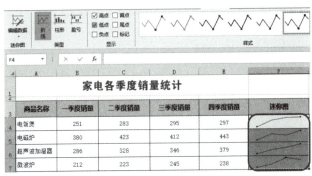

图 2-105　设置迷你图显示

（7）在"迷你图工具"|"设计"|"样式"组中单击"标记颜色"按钮，在打开的下拉列表中选择"高点"|"红色"选项，如图 2-106 所示。

（8）使用相同的方法，将低点设置为"橘色"，迷你图效果如图 2-107 所示。

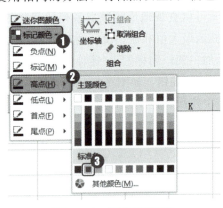

图 2-106　设置高点颜色

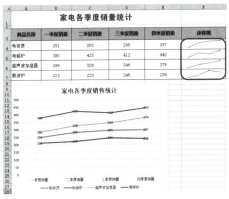

图 2-107　迷你图效果

 必备知识

一、图表类型

Excel 为用户提供了众多的图表类型，包括常用的柱形图、条形图、折线图、饼图、面积图、圆环图和雷达图等。下面分别对图表的类型进行介绍。

（1）柱形图。柱形图是实际工作中最常用的图表类型之一，它可以直观地反映出一段时间内各项数据的变化。

（2）条形图。条形图就是旋转 90°的柱形图，主要强调各个值之间的比较。

（3）折线图。折线图主要用来表示数据的连续性和变化趋势，也可以显示相同时间间隔内数据的变动趋势。它强调的是数据的实践性和变动率，而不是变动量。

（4）饼图。饼图主要用来显示数据系列中各个项目与项目总和之间的比例关系。由于它只能显示一个系列的比例关系，所以当选中多个系列的时候也只能显示其中的一个系列。

（5）面积图。面积图主要用来显示每个数据的变化量。它强调的是数据随时间变化的幅度，通过显示数据的总和，直观地表达出整体和部分的关系。

（6）XY 散点图。XY 散点图是用来显示各个系列的数据在某种时间间隔下的变化趋势。

（7）股价图。股价图主要用来描绘股票的走势，股价图包括盘高—盘低—收盘图、开盘—盘高—盘低—收盘图、成交量—盘高—盘低和收盘图，以及成交量—开盘—盘高—盘低—收盘图四种，工作表中的数据系列不一样，创建出的股价图表也不一样。

（8）曲面图。曲面图主要通过不同的平面来显示数据的变化情况和趋势，其中同一种颜色和图案代表源数据中同一取值范围内的区域。

（9）圆环图。圆环图的主要功能也是用来显示数据间比例的关系，不同的是圆环图可以包含多个数据序列。

（10）气泡图。气泡图是一种特殊类型的散点图，默认情况下使用气泡的面积代替数值的大小。

（11）雷达图。雷达图主要用于显示数据系列相对于中心点以及相对于彼此数据类别间的变化。每个分类都有自己的坐标轴，这些坐标轴由中心向外辐射，并用折线将同一系列中的数据连接起来。

（12）树状图。树状图能够凸显在商业中哪些业务、产品在产生最大的收益，或者在收入中占据最大的比例。

（13）旭日图。旭日图也称为太阳图，其层次结构中每个级别的比例通过 1 个圆环表示，离原点越近代表圆环级别越高，最内层的圆表示层次结构的顶级，然后一层一层去看数据的占比情况。

（14）瀑布图。瀑布图能够高效反映出收支平衡、亏损和盈利信息。

（15）直方图。直方图是一种统计报告图，由一系列高度不等的纵向条纹或线段表示数据分布的情况。一般用横轴表示数据类型，纵轴表示分布情况。

（16）箱形图。箱形图是一种用来显示一组数据分散情况的统计图。

（17）组合图。组合图是将两种不同类型的图表组合在一起以展示数据。

二、图表的操作方法

在创建好图表以后，用户还可以对图表进行一系列的操作，如更改图表类型、更改图表的数据区域、更改图表布局等。

1. 更改图表类型

在创建图表后，如果图表不能较好地展示出想要表达的信息，则可以重新更换一种更适合的图表。在Excel中提供了多种类型的图表供用户选择，不同的图表类型有着不同的数据展示方式，从而有着不同的作用。添加图表后，在"图表工具"|"设计"|"类型"组中，单击"更改图表类型"按钮，打开"更改图表类型"对话框，选择合适的图表类型即可进行更改，如图 2-108 所示。

2. 更改图表的数据区域

对于已经创建好的图表，用户还可以添加或删除图表中的数据以满足用户分析的需求。更改图表数据区域的具体方法是，在"图表工具"|"设计"|"数据"组中，单击"选择数据"按钮，打开"选择数据源"对话框，在对话框中可以对数据源进行添加与删除操作，如图 2-109 所示。

图 2-108 "更改图表类型"对话框

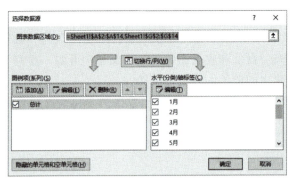

图 2-109　"选择数据源"对话框

3. 更改图表布局

图表布局是指图表及组成元素（如图表标题、图例、坐标轴、数据系列等）的显示方式。在 Excel 中，默认方式下创建的图表都是系统默认的布局样式，但用户可以根据实际需要更改图表布局，图表布局样式一般在"快速布局"列表框中选择。

三、工作表背景与主题

1. 工作表背景

默认情况下，Excel 工作表中的数据呈白底黑字。为了使工作表更美观，除了为其填充颜色外，还可插入喜欢的图片作为背景。其操作方法如下。

(1)选择工作表，在"页面布局"｜"页面设置"组中单击"背景"按钮，打开"插入图片"对话框，单击"从文件"后面的"浏览"按钮，如图 2-110 所示。

图 2-110　"插入图片"对话框

(2)打开"工作表背景"对话框，选择所需的背景图片，单击"插入"按钮，即可将图片设置为工作表背景。

2. 工作表主题

主题是一组可以统一应用于整个文件的格式的集合，包括主题的颜色、字体(标题和正文)、效果(线条和填充)等。其操作方法如下。

选择工作表，单击"页面布局"｜"主题"组中的"主题"按钮，在打开的下拉列表中选择需要的主题即可，如图 2-111 所示。

Chapter 02

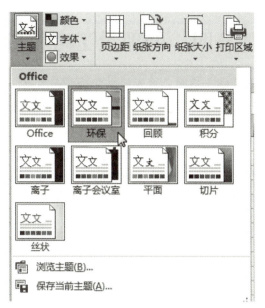

图 2-111　"主题"下列列表

🔊 提示

应用主题后，还可以对主题的颜色、字体、效果等进行单独更改。

💻 **训练任务**

制作"员工学历分析表"，进行图表的创建与美化等基础操作。

具体操作要求如下。

(1)打开一个名为"员工学历分析表"的工作簿。

(2)使用"图表"功能创建折线图、柱形图和饼图图表。

(3)对图表的位置、大小、样式和布局进行设置。

员工学历分析表最终效果如图 2-112 所示。

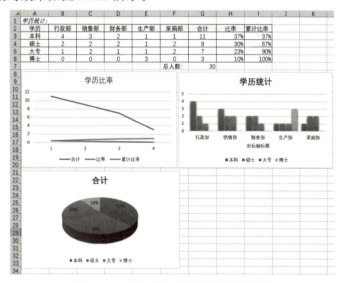

图 2-112　员工学历分析表的最终效果

任务四　处理员工考核成绩表

在 Excel 中进行表格数据的处理工作时，首先要学会 SUM 函数、AVERAGE 函数的应用操作，且为了丰富表格内容，还需要进行数据排序、数据筛选、创建数据透视表和数据透视图等操作。

📖 任务描述

本任务是处理员工考核成绩表。成绩是指某项能力的测试结果，是对某项活动的一个总评。员工考核成绩表在内容上往往包括科目分数、总分数、平均分数、评价等。

📖 任务解析

（1）使用函数计算分值。

（2）对数据进行排序。

（3）筛选有用的数据。

（4）数据透视图表分析数据。

📖 任务实现

🍎 一、使用 SUM 快速求和

Excel 中提供了多种函数，每个函数的功能、语法结构及其参数的含义各不相同。以下使用"员工考核成绩表 .xlsx"素材文件，计算各科目总分数据。

（1）打开"员工考核成绩表 .xlsx"素材文件，选择单元格 G2，单击函数编辑栏上的"插入函数"按钮，Excel 会自动在所选单元格中插入"＝"并打开"插入函数"对话框，如图 2-113 所示。

（2）在"选择函数"列表框中选择求和的 SUM 函数，单击"确定"按钮。在打开的"函数参数"对话框中的"Number1"文本框中手动输入单元格区域"C2:F2"，单击"确定"按钮，如图 2-114 所示。

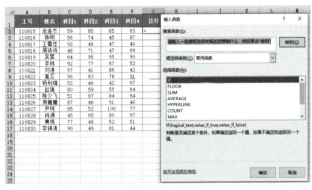

图 2-113　打开"插入函数"对话框

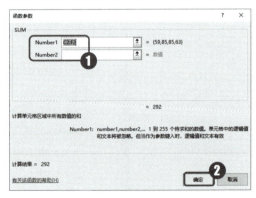

图 2-114　输入单元格区域

（3）计算出第一名员工的总分，如图 2-115 所示。

（4）选中单元格 G2，将公式填充到下方的其他单元格中，即可计算出其他员工的总分，如图 2-116 所示。

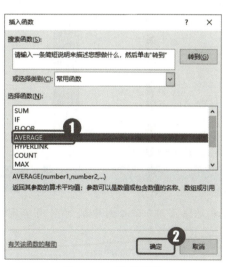

G2 =SUM(C2:F2)

	A	B	C	D	E	F	G	H	I	J
1	工号	姓名	科目1	科目2	科目3	科目4	总分	平均分	排名	是否合格
2	110815	龙连杰	59	85	85	63	292			
3	110816	陈明	56	74	45	87				
4	110817	王雪佳	93	46	47	40				
5	110818	周诗诗	48	71	47	69				
6	110819	吴巽	64	95	95	90				
7	110820	李肖	92	77	67	53				
8	110821	刘涛	97	41	86	43				
9	110822	高云	96	83	79	91				
10	110823	杨利瑞	52	46	42	67				
11	110824	赵强	80	59	55	64				
12	110825	陈少飞	51	87	84	64				
13	110826	房姗姗	87	46	91	40				
14	110827	尹柯	85	52	100	77				
15	110828	肖潇	45	65	80	97				
16	110829	黄桃	77	46	52	51				
17	110830	李锦涛	90	49	81	44				

图 2-115 计算第一名员工总分

	A	B	C	D	E	F	G	H	I	J
1	工号	姓名	科目1	科目2	科目3	科目4	总分	平均分	排名	是否合格
2	110815	龙连杰	59	85	85	63	292			
3	110816	陈明	56	74	45	87	262			
4	110817	王雪佳	93	46	47	40	226			
5	110818	周诗诗	48	71	47	69	235			
6	110819	吴巽	64	95	95	90	344			
7	110820	李肖	92	77	67	53	289			
8	110821	刘涛	97	41	86	43	267			
9	110822	高云	96	83	79	91	349			
10	110823	杨利瑞	52	46	42	67	207			
11	110824	赵强	80	59	55	64	258			
12	110825	陈少飞	51	87	84	64	286			
13	110826	房姗姗	87	46	91	40	264			
14	110827	尹柯	85	52	100	77	314			
15	110828	肖潇	45	65	80	97	287			
16	110829	黄桃	77	46	52	51	226			
17	110830	李锦涛	90	49	81	44	264			

图 2-116 计算其他员工总分

提示

在“函数参数”对话框中单击“Number1”参数框右侧的按钮，在工作区中拖动鼠标选择单元格区域，完成后单击对话框中的按钮即可返回“函数参数”对话框。

二、使用 AVERAGE 求平均成绩

AVERAGE 函数是 Excel 中计算平均值的函数。下面在“员工考核成绩表 . xlsx”工作表中计算各员工的培训成绩。

(1)选择单元格 H2，在“公式”|“函数库”组中单击“插入函数”按钮，打开“插入函数”对话框，选择 AVERAGE 选项，单击“确定”按钮，如图 2-117 所示。

(2)打开“函数参数”对话框，在 Number1 文本框中选择要计算的单元格区域 C2：F2，单击“确定”按钮，如图 2-118 所示。

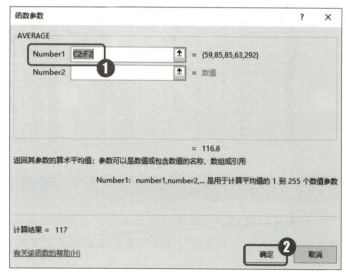

图 2-117 选择函数

图 2-118 选择单元格区域

(3)计算出第一名员工的平均分，如图 2-119 所示。

(4)选择单元格 H2，将公式填充到下方的其他单元格中，即可计算出其他员工的平均分，如图 2-120所示。

H2　=AVERAGE(C2:F2)

工号	姓名	科目1	科目2	科目3	科目4	总分	平均分	排名
110815	龙连杰	59	85	85	63	292	73	
110816	陈明	56	74	45	87	262		
110817	王雪佳	93	46	47	40	226		
110818	周诗诗	48	71	47	69	235		
110819	吴巽	64	95	95	90	344		
110820	李肖	92	77	67	53	289		
110821	刘涛	97	41	86	43	267		
110822	高云	96	83	79	91	349		
110823	杨利瑞	52	46	42	67	207		
110824	赵强	80	59	55	64	258		
110825	陈少飞	51	87	84	64	286		
110826	房姗姗	87	46	91	40	264		
110827	尹柯	85	52	100	77	314		
110828	肖潇	45	65	80	97	287		
110829	黄桃	77	46	52	51	226		
110830	李锦涛	90	49	81	44	264		

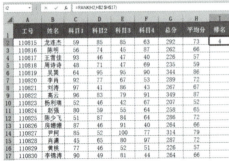

图 2-119　计算第一名员工的平均分

工号	姓名	科目1	科目2	科目3	科目4	总分	平均分	排名
110815	龙连杰	59	85	85	63	292	73	
110816	陈明	56	74	45	87	262	66	
110817	王雪佳	93	46	47	40	226	57	
110818	周诗诗	48	71	47	69	235	59	
110819	吴巽	64	95	95	90	344	86	
110820	李肖	92	77	67	53	289	72	
110821	刘涛	97	41	86	43	267	67	
110822	高云	96	83	79	91	349	87	
110823	杨利瑞	52	46	42	67	207	52	
110824	赵强	80	59	55	64	258	65	
110825	陈少飞	51	87	84	64	286	72	
110826	房姗姗	87	46	91	40	264	66	
110827	尹柯	85	52	100	77	314	79	
110828	肖潇	45	65	80	97	287	72	
110829	黄桃	77	46	52	51	226	57	
110830	李锦涛	90	49	81	44	264	66	

图 2-120　计算其他员工的平均分

提示

若在“插入函数”对话框的“或选择函数”列表框中没有找到需要的函数，可在“或选择类别”下拉列表框中选择函数的类别后再查找。

三、使用 RANK 排名次

RANK 函数的功能是返回某个单元格区域内指定字段的值在该区域所有值的排名。下面在“员工考核成绩表.xlsx”工作表中计算各员工的排名。

(1)选中单元格 I2，输入公式“=RANK(H2,$H$2:$H$17)”，按 Enter 键，即可计算出第一名员工平均分的排名，如图 2-121 所示。

(2)选择单元格 I2，将公式填充到下方的其他单元格中，即可计算出其他员工的平均分排名，如图 2-122 所示。

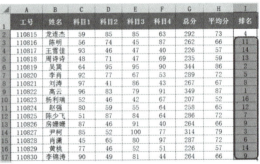

I2　=RANK(H2,H$2:$H$17)

工号	姓名	科目1	科目2	科目3	科目4	总分	平均分	排名
110815	龙连杰	59	85	85	63	292	73	4
110816	陈明	56	74	45	87	262	66	
110817	王雪佳	93	46	47	40	226	57	
110818	周诗诗	48	71	47	69	235	59	
110819	吴巽	64	95	95	90	344	86	
110820	李肖	92	77	67	53	289	72	
110821	刘涛	97	41	86	43	267	67	
110822	高云	96	83	79	91	349	87	
110823	杨利瑞	52	46	42	67	207	52	
110824	赵强	80	59	55	64	258	65	
110825	陈少飞	51	87	84	64	286	72	
110826	房姗姗	87	46	91	40	264	66	
110827	尹柯	85	52	100	77	314	79	
110828	肖潇	45	65	80	97	287	72	
110829	黄桃	77	46	52	51	226	57	
110830	李锦涛	90	49	81	44	264	66	

图 2-121　计算第一名员工的排名

工号	姓名	科目1	科目2	科目3	科目4	总分	平均分	排名
110815	龙连杰	59	85	85	63	292	73	4
110816	陈明	56	74	45	87	262	66	11
110817	王雪佳	93	46	47	40	226	57	14
110818	周诗诗	48	71	47	69	235	59	13
110819	吴巽	64	95	95	90	344	86	2
110820	李肖	92	77	67	53	289	72	5
110821	刘涛	97	41	86	43	267	67	8
110822	高云	96	83	79	91	349	87	1
110823	杨利瑞	52	46	42	67	207	52	16
110824	赵强	80	59	55	64	258	65	12
110825	陈少飞	51	87	84	64	286	72	7
110826	房姗姗	87	46	91	40	264	66	9
110827	尹柯	85	52	100	77	314	79	3
110828	肖潇	45	65	80	97	287	72	6
110829	黄桃	77	46	52	51	226	57	14
110830	李锦涛	90	49	81	44	264	66	9

图 2-122　计算其他员工的排名

提示

使用 RANK 函数计算数值的排名时，必须绝对引用特定的单元格区域(如本例中绝对引用单元格区域“$H$2:$H$17”)才能将公式填充到其他单元格中。

四、使用 COUNTIF 统计人数

假设单科成绩大于等于 90 分的成绩为优异成绩。下面在“员工考核成绩表.xlsx”工作表中使用 COUNTIF 函数统计每个科目取得优异成绩的人数。

(1)选中单元格 C18，输入公式“=COUNTIF(C2:C17,">=90")”，按 Enter 键，即可计算出“科目 1”中取得优异成绩的人数，如图 2-123 所示。

(2)选择单元格 C18，将公式填充到右边的其他单元格中，即可计算出其他科目取得优异成绩的人

数，如图 2-124 所示。

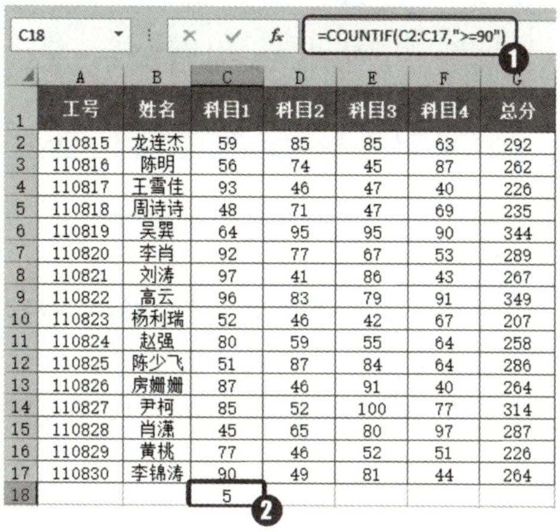

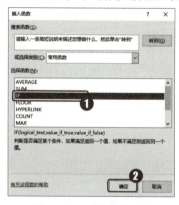

	A	B	C	D	E	F	G
1	工号	姓名	科目1	科目2	科目3	科目4	总分
2	110815	龙连杰	59	85	85	63	292
3	110816	陈明	56	74	45	87	262
4	110817	王雪佳	93	46	47	40	226
5	110818	周诗诗	48	71	47	69	235
6	110819	吴巽	64	95	95	90	344
7	110820	李肖	92	77	67	53	289
8	110821	刘涛	97	41	86	43	267
9	110822	高云	96	83	79	91	349
10	110823	杨利瑞	52	46	42	67	207
11	110824	赵强	80	59	55	64	258
12	110825	陈少飞	51	87	84	64	286
13	110826	房姗姗	87	46	91	40	264
14	110827	尹柯	85	52	100	77	314
15	110828	肖潇	45	65	80	97	287
16	110829	黄桃	77	46	52	51	226
17	110830	李锦涛	90	49	81	44	264
18			5				

图 2-123 计算科目 1 优异人数

	A	B	C	D	E	F	G
1	工号	姓名	科目1	科目2	科目3	科目4	总分
2	110815	龙连杰	59	85	85	63	292
3	110816	陈明	56	74	45	87	262
4	110817	王雪佳	93	46	47	40	226
5	110818	周诗诗	48	71	47	69	235
6	110819	吴巽	64	95	95	90	344
7	110820	李肖	92	77	67	53	289
8	110821	刘涛	97	41	86	43	267
9	110822	高云	96	83	79	91	349
10	110823	杨利瑞	52	46	42	67	207
11	110824	赵强	80	59	55	64	258
12	110825	陈少飞	51	87	84	64	286
13	110826	房姗姗	87	46	91	40	264
14	110827	尹柯	85	52	100	77	314
15	110828	肖潇	45	65	80	97	287
16	110829	黄桃	77	46	52	51	226
17	110830	李锦涛	90	49	81	44	264
18			5	1	3	3	
19							

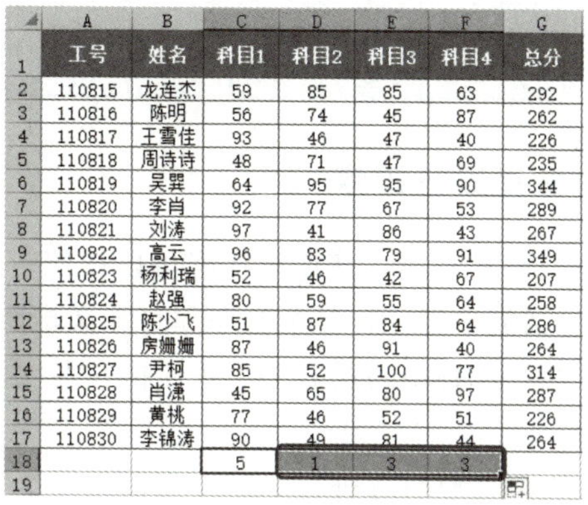

图 2-124 计算其他科目优异人数

五、嵌套函数

嵌套函数是指在特定情况下，需要将某一函数作为另一函数的参数使用。但当函数作为参数使用时，它返回的数值类型必须与参数的数值类型相同。下面在“员工考核成绩表.xlsx”工作表中使用嵌套函数查看员工成绩是否合格。

(1)选择单元格 J2，打开“插入函数”对话框，在“选择函数”列表框中选择 IF 选项，单击“确定”按钮，如图 2-125 所示。

(2)打开“函数参数”对话框，在 Logical_test 文本框中输入“G2>240”，分别在下方的文本框中输入“合格”“不合格”，单击“确定”按钮，如图 2-126 所示。

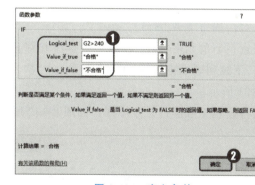

图 2-125 选择 IF 函数

图 2-126 定义条件

(3)返回工作区，即可看到第一名员工的评价为“合格”，如图 2-127 所示。

(4)选择单元格 J2，将公式填充到下方的其他单元格中，即可计算出其他员工的成绩是否合格，如图 2-128 所示。

	A	B	C	D	E	F	G	H	I	J
1	工号	姓名	科目1	科目2	科目3	科目4	总分	平均分	排名	是否合格
2	110815	龙连杰	59	85	85	63	292	73	4	合格
3	110816	陈明	56	74	45	87	262	66	11	
4	110817	王雪佳	93	46	47	40	226	57	14	
5	110818	周诗诗	48	71	47	69	235	59	13	
6	110819	吴巽	64	95	95	90	344	86	2	
7	110820	李肖	92	77	67	53	289	72	5	
8	110821	刘涛	97	41	86	43	267	67	8	
9	110822	高云	96	83	79	91	349	87	1	
10	110823	杨利瑞	52	46	42	67	207	52	16	
11	110824	赵强	80	59	55	64	258	65	12	
12	110825	陈少飞	51	87	84	64	286	72	7	
13	110826	房姗姗	87	46	91	40	264	66	9	
14	110827	尹柯	85	52	100	77	314	79	3	
15	110828	肖潇	45	65	80	97	287	72	6	
16	110829	黄桃	77	46	52	51	226	57	14	
17	110830	李锦涛	90	49	81	44	264	66	9	

图 2-127 计算第一名员工成绩是否合格

	A	B	C	D	E	F	G	H	I	J
1	工号	姓名	科目1	科目2	科目3	科目4	总分	平均分	排名	是否合格
2	110815	龙连杰	59	85	85	63	292	73	4	合格
3	110816	陈明	56	74	45	87	262	66	11	合格
4	110817	王雪佳	93	46	47	40	226	57	14	不合格
5	110818	周诗诗	48	71	47	69	235	59	13	不合格
6	110819	吴巽	64	95	95	90	344	86	2	合格
7	110820	李肖	92	77	67	53	289	72	5	合格
8	110821	刘涛	97	41	86	43	267	67	8	合格
9	110822	高云	96	83	79	91	349	87	1	合格
10	110823	杨利瑞	52	46	42	67	207	52	16	不合格
11	110824	赵强	80	59	55	64	258	65	12	合格
12	110825	陈少飞	51	87	84	64	286	72	7	合格
13	110826	房姗姗	87	46	91	40	264	66	9	合格
14	110827	尹柯	85	52	100	77	314	79	3	合格
15	110828	肖潇	45	65	80	97	287	72	6	合格
16	110829	黄桃	77	46	52	51	226	57	14	不合格
17	110830	李锦涛	90	49	81	44	264	66	9	合格

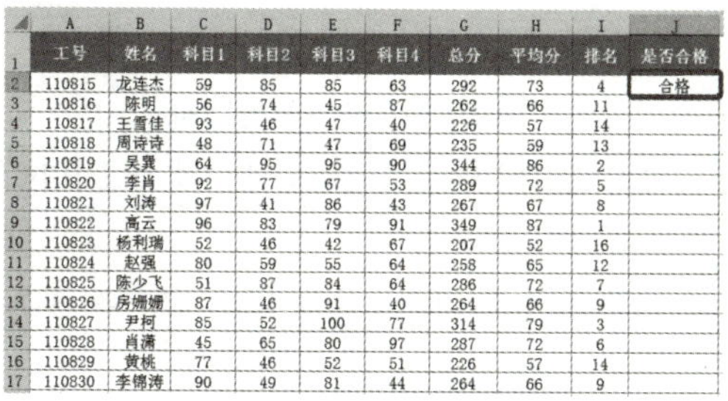

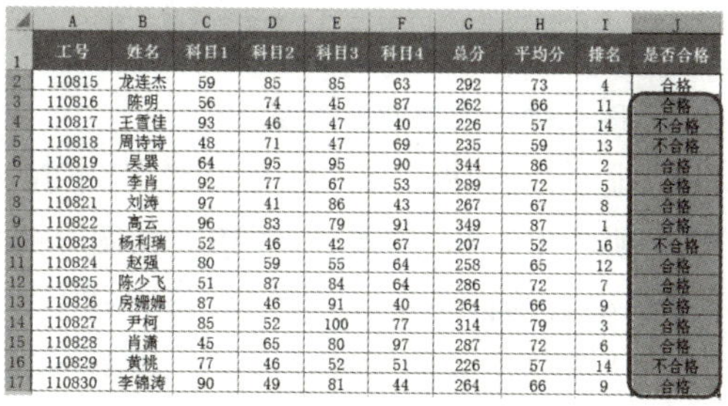

图 2-128 计算其他员工成绩是否合格

> **📢 提示**
>
> 如果参数为整数值，那么嵌套函数也必须返回整数值，否则 Excel 将显示"#VALUE!"错误值。

🍎 六、对数据进行排序

Excel 有"排序"功能，使用该功能可以按照一定的顺序对工作表中的数据进行重新排序。数据排序方法主要包括简单排序、复杂排序和自定义排序，下面分别对这几种排序方法进行介绍。

（1）选中"总分"列中的任意一个单元格，在"数据"｜"排序和筛选"组中单击"降序"按钮，如图 2-129 所示。

（2）成绩表将按照总分进行降序排列，如图 2-130 所示。

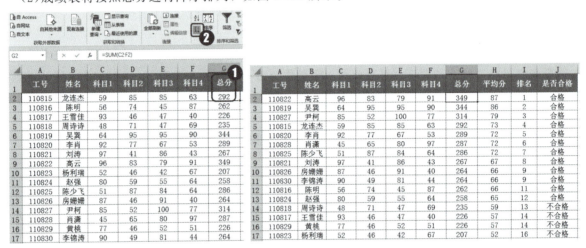

图 2-129　单击"降序"按钮　　　　　　图 2-130　按总分降序排列

（3）选中任意一个单元格，在"数据"｜"排序和筛选"组中单击"排序"按钮，打开"排序"对话框，在"主要关键字"下拉列表框中选择"工号"选项，在"次序"下拉列表框中选择"升序"选项，单击"确定"按钮，如图 2-131 所示。

（4）成绩表将按照工号进行升序排列，如图 2-132 所示。

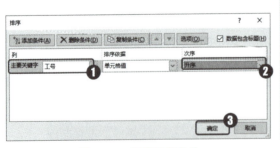

图 2-131　设置排序条件　　　　　　　图 2-132　按工号升序排列

（5）打开"排序"对话框，在"主要关键字"下拉列表框中选择"姓名"选项，在"次序"下拉列表框中选择"升序"选项，单击"添加条件"按钮，如图 2-133 所示。

（6）添加一组新的排序条件，在"次要关键字"下拉列表框中选择"总分"选项，在"次序"下拉列表框中选择"降序"选项，单击"确定"按钮，如图 2-134 所示。

图 2-133　单击"添加条件"按钮　　　　　图 2-134　添加排序条件

（7）工作表将在根据"姓名"进行升序排列的基础上，按照"总分"进行降序排列，如图 2-135 所示。

（8）选中表格中的任意单元格，打开"排序"对话框，删除次要关键字，在主要关键字的"次序"下拉列表框中选择"自定义序列"选项，如图 2-136 所示。

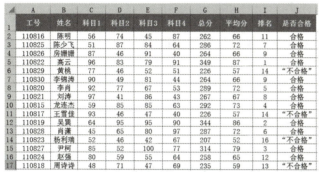

	A	B	C	D	E	F	G	H	I	J
1	工号	姓名	科目1	科目2	科目3	科目4	总分	平均分	排名	是否合格
2	110816	陈明	56	74	45	87	262	66	11	合格
3	110825	陈少飞	51	87	84	64	286	72	7	合格
4	110826	房姗姗	87	46	91	40	264	66	9	合格
5	110822	高云	96	83	79	91	349	87	1	合格
6	110829	黄桃	77	46	52	51	226	57	14	"不合格"
7	110830	李锦涛	90	49	81	44	264	66	9	合格
8	110820	李肖	92	77	67	53	289	72	5	合格
9	110821	刘涛	97	41	86	43	267	67	8	合格
10	110815	龙连杰	59	85	85	63	292	73	4	合格
11	110817	王雪佳	93	46	47	40	226	57	14	"不合格"
12	110819	吴翼	64	95	95	90	344	86	2	合格
13	110828	肖潇	45	65	80	97	287	72	6	合格
14	110823	杨利瑞	52	46	42	67	207	52	16	"不合格"
15	110827	尹柯	85	52	100	77	314	79	3	合格
16	110824	赵强	80	59	55	64	258	65	12	合格
17	110818	周诗诗	48	71	47	69	235	59	13	"不合格"

图 2-135　复杂排序　　　　　　　图 2-136　选择"自定义序列"选项

📢 提示

在"排序"对话框中可以根据需要添加多个次要排序条件，也可选中条件单击"删除条件"按钮删除不需要的排序条件，还可选中条件单击"复制条件"按钮复制选中的条件。

（9）打开"自定义排序"对话框，在"输入序列"文本框中输入"合格,不合格"，中间用英文半角状态下的逗号隔开，单击"添加"按钮，如图 2-137 所示。

（10）新定义的序列"合格,不合格"被添加到"自定义序列"列表框中，单击"确定"按钮，如图 2-138 所示。

图 2-137　输入序列条件　　　　　　图 2-138　添加序列条件

（11）返回"排序"对话框，在"主要关键字"下拉列表框中选择"是否合格"选项，单击"确定"按钮，如图 2-139 所示。

（12）表格中的数据按照自定义序列进行排序，如图 2-140 所示。

图 2-139　选择关键词　　　　　　　　　　图 2-140　自定义排序数据

七、筛选数据

如果要在成百上千条数据记录中查询需要的数据，就会用到 Excel 的筛选功能。下面通过使用 Excel 的筛选功能，对"员工考核成绩表.xlsx"中的数据按条件进行筛选和分析。

（1）选中数据区域中的任意一个单元格，在"数据"｜"排序和筛选"组中单击"筛选"按钮，如图 2-141 所示。

（2）工作表进入筛选状态，各标题字段的右侧出现一个下拉按钮，单击"是否合格"字段右侧的下拉按钮，如图 2-142 所示。

图 2-141　单击"筛选"按钮　　　　　　　　图 2-142　进入筛选状态

（3）在打开的筛选列表中，取消选中"全选"复选框，勾选"不合格"复选框，单击"确定"按钮，如图 2-143 所示。

（4）筛选出"不合格"的员工成绩，并在筛选字段的右侧出现一个"筛选"按钮，如图 2-144 所示。

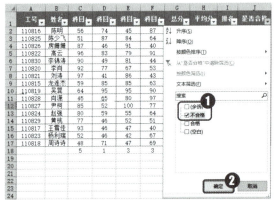

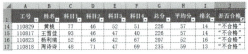

图 2-143　选择选项　　　　　　　　　　图 2-144　筛选出"不合格"数据

（5）单击"数据"｜"排序和筛选"组中的"筛选"按钮，退出筛选状态。再次单击进入筛选状态，如图 2-145 所示。

（6）单击"总分"字段右侧的下拉按钮，打开筛选列表，选择"数字筛选"｜"大于或等于"选项，如图 2-146 所示。

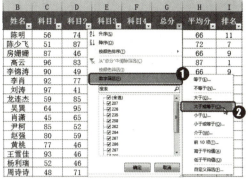

图 2-145 退出筛选状态　　　　　　　　　　图 2-146 选择筛选选项

（7）打开"自定义自动筛选方式"对话框，在"总分"选项组的各个下拉列表框中选择选项，将筛选条件设置为"大于或等于 300，小于或等于 400"，单击"确定"按钮，如图 2-147 所示。

（8）筛选出总分"大于或等于 300"且"小于或等于 400"的分数，如图 2-148 所示，退出筛选状态，并保存工作表。

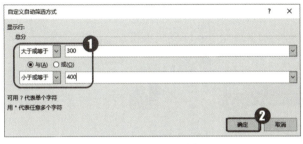

图 2-147 设置筛选条件　　　　　　　　　　图 2-148 筛选数据

八、创建数据透视表和透视图

Excel 具有数据透视图功能，数据透视图可以直观地反映数据的对比关系，且具有较强的数据筛选和汇总功能。

（1）选择单元格区域 C1:F18，在"插入"|"表格"组中单击"数据透视表"按钮，如图 2-149 所示。

（2）打开"创建数据透视表"对话框，在"表/区域"文本框中确保数据区域正确，单击"确定"按钮，如图 2-150 所示。

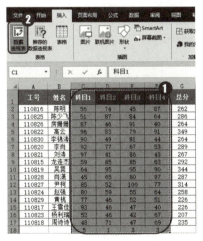

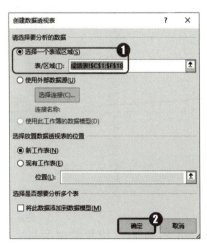

图 2-149 单击"数据透视表"按钮　　　　　　图 2-150 "创建数据透视表"对话框

（3）在 Excel 工作界面右侧打开"数据透视表字段"窗格，勾选要添加字段的复选框，如图 2-151 所示。

（4）完成操作后，工作表将对各科目的总分进行汇总显示，如图 2-152 所示。

图 2-151　选择要添加字段　　　　　　　　　　　图 2-152　添加字段

（5）选择整个数据透视表，在"数据透视表工具"｜"分析"｜"工具"组中单击"数据透视图"按钮，如图 2-153 所示。

（6）在打开的"插入图表"对话框左侧选择图表大类，在上方列表框中选择具体的图表类型"柱形图"，单击"确定"按钮插入图表，如图 2-154 所示。

图 2-153　单击"数据透视图"按钮　　　　　　　　图 2-154　选择图表类型

（7）选中要设置格式的图表系列并右击，在弹出的快捷菜单中选择"设置数据系列格式"命令，如图 2-155 所示。

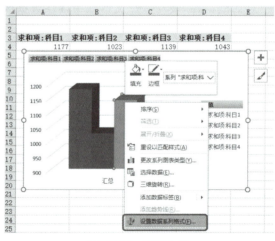

图 2-155　选择命令

（8）在工作表的右侧打开"设置数据系列格式"窗格，在"柱体形状"选项组中选中"圆柱形"单选按钮，如图 2-156 所示。

（9）使用相同的方法，将其他柱体也更改为圆柱形，如图 2-157 所示。

图 2-156 选中"圆柱形"单选按钮

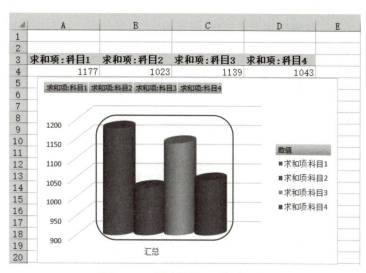

图 2-157 更改数据系列柱体形状

提示

要确定各字段在数据透视表中的位置，可在字段名称上右击，在弹出的快捷菜单中选择相应的命令，也可在"数据透视表字段表"窗格中，将需要添加的字段复选框拖动到"在以下区域间拖动字段"选项组的列表框中。

必备知识

一、常用函数含义

1. SUM 函数

SUM 函数是最常用的求和函数，返回某一单元格区域中数字、逻辑值及数字的文本表达式之和。语法格式为 SUM(number1,number2,…)。其中，number1、number2 为需要求和的所有参数。

2. AVERAGE 函数

AVERAGE 函数是计算平均值的函数。语法格式为 AVERAGE(number1,number2,…)。其中，number1、number2 是需计算平均值的所有参数。

3. IF 函数

IF 函数是一种常用的条件函数，它能进行真假判断，并根据逻辑计算的真假值返回不同结果，其语法格式为 IF(logical_test,value_if_true,value_if_false)。其中，logical_test 表示计算结果为 TRUE 或 FALSE 的任意值或表达式；value_if_true 表示 logical_test 为 TRUE 时要返回的值，可以是任意数据；value_if_false 表示 logical_test 为 FALSE 时要返回的值，也可以是任意数据。

4. COUNTIF 函数

COUNTIF 函数是对指定区域中符合指定条件的单元格计数的函数。语法格式为 COUNTIF(range,criteria)。其中，range 表示需要计算其中满足条件的单元格数目的单元格区域；criteria 参数确定条件，其形式可以为数字、表达式或文本。

5. RANK 函数

RANK 函数的功能是返回某个单元格区域内指定字段的值在该区域所有值的排名。语法格式为

RANK(number,ref,order)。其中，number 代表需要排序的数值；ref 代表排序数值所处的单元格区域；order 代表排序方式参数（如果为"0"或者忽略，则按降序排名，即数值越大，排名结果数值越小；如果为非"0"值，则按升序排名，即数值越大，排名结果数值越大）。

二、数据排序

数据排序是 Excel 中最基本的功能之一，在 Excel 中可对数据表进行简单的升序或降序排列，还可以进行较高级的数据排序，如按多个关键字排序、按单元格颜色或字体颜色排序、按自定义序列排序等。

（1）升序排序。升序排列数据是将数值由低到高进行排序。

（2）降序排序。降序排列数据是将数值由高到低进行排序。

（3）多关键字排序。多关键字排序也可称为复杂的排序，也就是按多个关键字对数据进行排序，打开"排序"对话框，可在"主要关键字"和"次要关键字"选项组中编辑排序的条件等。

（4）自定义排序。Excel 中包含了一些常见的有规律的数据序列，如等差序列、等比序列等，但这些有时候不能满足用户的需求，在遇到一些特殊的有一定规律的数据时，用户还可以在"自定义序列"对话框中，填充自定义序列。

三、数据筛选

数据的筛选是按给定的条件从工作表中筛选符合条件的数据，满足条件的数据被显示出来，而其他不符合条件的数据则被隐藏起来。数据的筛选方式有自动筛选和高级筛选两种。

（1）自动筛选。所谓自动筛选，是指按照选定的内容进行筛选，主要包含简单条件筛选和指定数据筛选两种方式。简单条件筛选就是为单元格添加筛选条件后，单击单元格右侧的下拉按钮，在打开的筛选列表中，勾选与取消勾选数据复选框即可。而指定数据筛选则是在筛选列表中，选择"数字筛选"或"文本筛选"命令，在子列表选择筛选条件进行筛选即可。

（2）高级筛选。一般来说，文字筛选和数字筛选都是不太复杂的筛选，如果要执行复杂的条件筛选，那么可以使用高级筛选。高级筛选要求在工作表中无数据的地方指定一个区域用于存放筛选条件，这个区域就是条件区域。高级筛选一般通过"高级筛选"对话框实现，在对话框中设置好筛选方式、列表区域、条件区域以及复制到区域等筛选条件即可。

四、数据透视表

数据透视表是一种交互式的表，可以进行某些计算，如求和与计数等，进行的计算与数据及数据透视表中的排列有关。

1. 设置数据透视表格式

（1）设置图表的标题格式。选中图表标题，在"开始"选项卡中，通过"字体"组中相关按钮设置标题的字体、字号、颜色、对齐方式等。

（2）选择（或更改）图表数据源。选中图表，在"图表工具"|"设计"选项卡的"数据"组中，单击"选择数据"按钮，打开"选择数据源"对话框，重新设置数据源。

（3）选择（或更改）图表数据源。选中图表，在"图表工具"|"设计"选项卡的"图表布局"或"图表样式"组中，设置图表标题和图例的布局或者折线的样式等。

（4）数据透视图表的编辑。

①移动图表：选中图表，拖动图表将其放置于适当的位置后释放鼠标。

②改变图表大小：选中图表，拖动图表边框上的尺寸控制点调整图表的大小。

③删除图表：选中图表，按 Delete 键删除。

2. 设置数据透视表字段

(1)移动字段。在数据透视表的区域间移动字段的方法有两种：一种是直接使用鼠标拖动，另一种是使用菜单命令移动。

在"数据透视表字段列表"窗格的"在以下区域间拖动字段"选项组中，单击相应选项右侧的下拉按钮，在打开的下拉列表中，选择相应的命令，可以将字段移动到不同的位置。

(2)调整字段的顺序。当同一个报表区域中有多个字段时，系统默认按添加的先后顺序排列，用户也可以重新调整字段的顺序。

在"数据透视表字段列表"窗格的"在以下区域间拖动字段"选项组中，单击需要改变顺序的字段的下拉按钮，在打开的下拉列表中，选择"上移""下移"等命令，可以调整字段的顺序。

五、数据透视图

数据透视图是另一种数据表现形式，与数据表不同的地方在于它可以选择适当的图形，用多种色彩来描述数据的特性，更加形象化地体现数据的情况。在创建数据透视图时，可以直接根据数据表创建数据透视图，也可以根据已经创建好的数据透视表来创建数据透视图。

(1)根据数据表创建数据透视图。选择工作表中的单元格区域，在"插入"选项卡的"图表"组中，单击"数据透视图"下拉按钮，打开下拉列表，选择"数据透视图"选项，如图 2-158 所示，再根据提示进行操作即可。

(2)根据数据透视表创建数据透视图。在"数据透视表工具"｜"选项"选项卡的"工具"组中，单击"数据透视图"按钮即可根据提示创建，如图 2-159 所示。

图 2-158　根据数据表创建

图 2-159　根据数据透视表创建

训练任务

在素材文件夹中打开一个工作表，然后通过函数计算数据，并对数据进行排序、筛选等基础操作。

具体编辑要求如下。

(1)打开"学生成绩统计表 .xlsx"。

(2)使用 SUM 函数计算总分。

(3)使用 RANK 函数计算学生的成绩排名。

(4)使用"排序"和"筛选"功能排序和筛选数据。

(5)使用"数据透视表"功能制作出数据透视表，并进行字段和格式的调整操作。

(6)使用"数据透视图"功能制作出数据透视图，然后美化数据透视图。

学生成绩统计表的最终效果如图 2-160 所示。

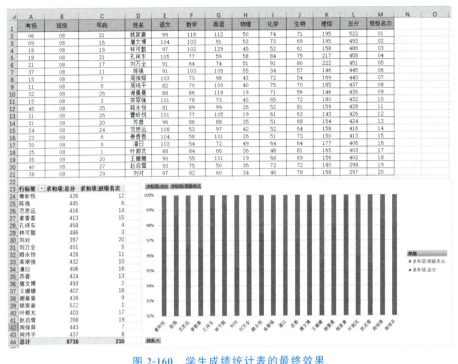

图 2-160 学生成绩统计表的最终效果

任务五 制作销售数据汇总表

在 Excel 中进行表格数据的汇总时，可以采用条件汇总和分类汇总两种汇总方式。

 **任务描述**

本任务是制作销售数据汇总表，销售数据汇总指的是对所有资料分类进行汇总，其内容会根据作用的不同而变化。销售数据汇总条目主要包括商品名称、数量和单价等。

 **任务解析**

（1）为表格设置条件格式。
（2）对数据进行分类汇总。

★ 微视频

制作销售数据
汇总表

 **任务实现**

一、设置"条件汇总"

为表格设置条件格式，可以突出显示满足条件的单元格数据，方便查看符合条件的表格内容。下面将销售区域中包含"上海"的单元格设置为深红色字体和浅红色底纹填充，具体操作步骤如下。

（1）打开"销售数据汇总表.xlsx"素材文件，选中"销售区域"所在的 C 列，在"开始"｜"样式"组中单击"条件格式"按钮，在打开的下拉列表中选择"突出显示单元格规则"｜"文本包含"选项，如图 2-161 所示。

（2）打开"文本中包含"对话框，在左侧的文本框中输入包含的文本，或单击按钮选择条件单元格，在右侧的下拉列表框中选择样式，单击"确定"按钮，如图 2-162 所示。

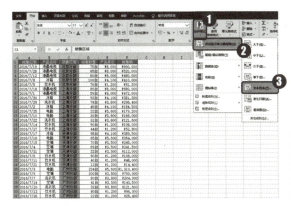

图 2-161 选择“文本包含”选项

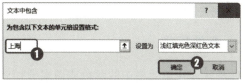

图 2-162 “文本中包含”对话框

二、对数据进行“分类汇总”

Excel 提供有“分类汇总”功能，使用该功能可以按照各种汇总条件对数据进行分类汇总。下面对“销售数据汇总表 . xlsx”中的销售额进行分类汇总。

(1)将“产品名称”列数据按照“降序”排序，如图 2-163 所示。

(2)选中数据区域的任意单元格，在“数据”|“分级显示”组中单击“分类汇总”按钮，如图 2-164 所示。

	A	B	C	D	E	F
1	销售日期	产品名称	销售区域	销售数量	产品单价	销售额
2	2016/7/5	饮水机	北京分部	76台	¥1,200	¥91,200
3	2016/7/14	饮水机	上海分部	90台	¥1,200	¥108,000
4	2016/7/27	饮水机	上海分部	44台	¥1,200	¥52,800
5	2016/7/6	饮水机	天津分部	90台	¥1,200	¥108,000
6	2016/7/11	饮水机	天津分部	40台	¥1,200	¥48,000
7	2016/7/21	饮水机	天津分部	12台	¥1,200	¥14,400
8	2016/7/13	饮水机	广州分部	80台	¥1,200	¥96,000
9	2016/7/26	饮水机	广州分部	22台	¥1,200	¥26,400
10	2016/7/19	液晶电视	北京分部	75台	¥8,000	¥600,000
11	2016/7/28	液晶电视	北京分部	65台	¥8,000	¥520,000
12	2016/7/12	液晶电视	北京分部	60台	¥8,000	¥480,000
13	2016/7/18	液晶电视	上海分部	85台	¥8,000	¥680,000
14	2016/7/1	液晶电视	上海分部	59台	¥8,000	¥472,000
15	2016/7/29	洗衣机	上海分部	78台	¥3,800	¥296,400
16	2016/7/22	洗衣机	上海分部	32台	¥3,800	¥121,600
17	2016/7/7	洗衣机	广州分部	80台	¥3,800	¥304,000
18	2016/7/20	洗衣机	广州分部	32台	¥3,800	¥121,600
19	2016/7/15	空调	天津分部	70台	¥3,500	¥245,000
20	2016/7/4	空调	天津分部	69台	¥3,500	¥241,500
21	2016/7/31	空调	天津分部	32台	¥3,500	¥112,000
22	2016/7/9	空调	广州分部	200台	¥3,500	¥700,000
23	2016/7/24	空调	广州分部	41台	¥3,500	¥143,500
24	2016/7/25	电脑	上海分部	32台	¥5,600	¥179,200
25	2016/7/10	电脑	上海分部	30台	¥5,600	¥168,000
26	2016/7/16	电脑	天津分部	65台	¥5,600	¥364,000
27	2016/7/3	电脑	广州分部	234台	¥5,600	¥1,310,400
28	2016/7/8	冰箱	北京分部	100台	¥4,100	¥410,000
29	2016/7/30	冰箱	上海分部	93台	¥4,100	¥381,300
30	2016/7/2	冰箱	上海分部	45台	¥4,100	¥184,500
31	2016/7/17	冰箱	天津分部	95台	¥4,100	¥389,500

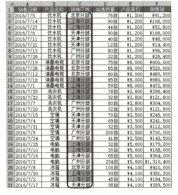

图 2-163 降序排列数据

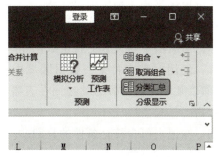

图 2-164 单击“分类汇总”按钮

(3)打开“分类汇总”对话框，在“分类字段”下拉列表框中选择“产品名称”选项，在“汇总方式”下拉列表框中选择“求和”选项，在“选定汇总项”列表框中勾选“销售数量”“产品单价”“销售额”复选框，勾选“替换当前分类汇总”和“汇总结果显示在数据下方”复选框，单击“确定”按钮，如图 2-165 所示。

(4)按照产品名称对销售情况进行汇总，并显示第 3 级汇总结果。单击汇总区域左上角的数字按钮“2”，显示第 2 级汇总结果，如图 2-166 所示。

图 2-165 设置分类汇总条件

	A	B	C	D	E	F
1	销售日期	产品名称	销售区域	销售数量	产品单价	销售额
10		饮水机 汇总		454台	¥9,600	¥544,800
16		液晶电视 汇总		344台	¥40,000	¥2,752,000
21		洗衣机 汇总		222台	¥15,200	¥843,600
27		空调 汇总		412台	¥17,500	¥1,442,000
32		电脑 汇总		361台	¥22,400	¥2,021,600
37		冰箱 汇总		333台	¥16,400	¥1,365,300
38		总计		2126台	¥121,100	¥8,969,300
39						
40						
41						
42						
43						

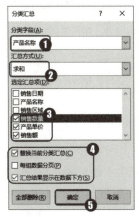

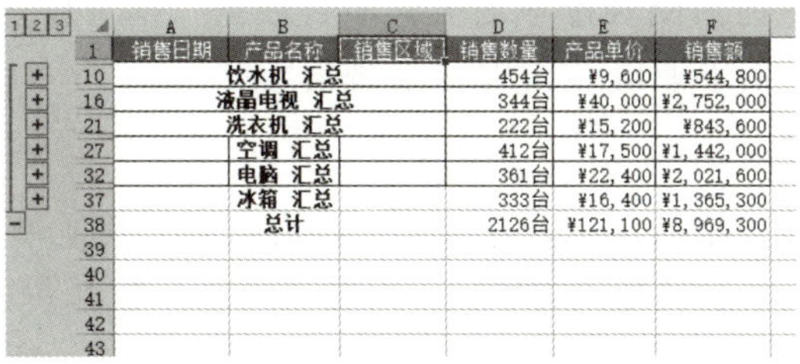

图 2-166 显示第 2 级汇总结果

📖 必备知识

🍎 一、条件格式

条件格式即让单元格中的颜色或图案根据单元格中的数值而变化，从而更加直观地表现数据。使用条件格式可以如同图表一样显示数据的对比变化，但操作比图表要简单。

1. 突出显示单元格规则

在 Excel 中，可以使用条件格式突出显示数据。例如，突出显示大于、小于或等于某个值的数据，或者突出显示包含某文本的数据，或者突出显示重复值的数据等。突出显示数据一般通过在"条件格式"下的"突出显示单元格规则"列表中选择不同的选项来实现，如图 2-167 所示。各选项的含义如下。

图 2-167 "突出显示单元格规则"列表框

（1）大于：标记出满足大于规则的单元格。

（2）小于：标记出满足小于规则的单元格。

（3）介于：标记出表格中在某一数据段范围内的所有单元格。

（4）等于：标记出表格中与设置的特定数值相等的单元格。

（5）文本包含：使用关键字将某一数据区域中符合条件的单元格标记出来，即以某单元格内容为关键词在表格中查找是否有包含该关键词的内容。

（6）发生日期：标记出包含符合条件的日期。

（7）重复值：标记出重复的数据。

2. 最前/最后规则

对于数值型数据，可以根据数值的大小指定选择的单元格。最前/最后规则即根据指定的截止值查找单元格区域中的最高值和最低值等。最前/最后规则突出显示数据一般通过在"条件格式"下的"最前/最后规则"列表中选择不同的命令实现，如图 2-168 所示。如要显示出某些单元格区域中最大的项或最小的项，则可以选择"前 10 项"或"最后 10 项"选项来实现；如果表格中的某数据区域包含百分比，要标记出符合条件的单元格，则可以选择"前 10％"或"最后 10％"选项来实现；如果要突出显示高于平均值或低于平均值的项目数据，则可以选择"高于平均值"或"低于平均值"选项来实现。

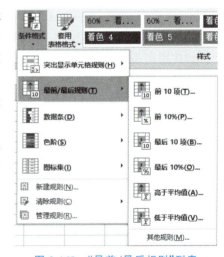

图 2-168 "最前/最后规则"列表

3. 数据条

数据条可以帮助用户查看某个单元格相对于其他单元格值的大小，数据条的长度代表单元格中数据的值。数据条越长，代表值越大；反之，数据条越短，代表值越小。当要对比大量数据中的较高值和较低值时，数据条显示特别有效。在使用数据条分析数据时，可以在"条件格式"下的"数据条"列表中，选择不同的数据条颜色。

4. 色阶

颜色刻度作为一种直观的提示，可以帮助用户了解数据的分布和变化，双色刻度使用两种颜色的深浅程度来帮助用户比较某个区域的单元格，通常颜色的深浅表示值的高低；三色颜色刻度用三种颜色的深浅程度来表示值的高、中、低。在使用色阶分析数据时，可以在"条件格式"下的"色阶"列表中，选择不同的颜色。

5. 图标

使用图标集可以为数据添加注释。默认情况下，系统将根据单元格区域的数值分布情况自动应用图标，每个图标代表一个值的范围。在使用图标集分析数据时，可以在"条件格式"下的"图标集"列表中，选择不同的图标，如图 2-169 所示。

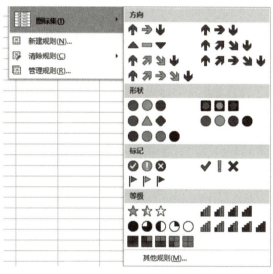

图 2-169　"图标集"列表

6. 新建规则

除了可以使用前面介绍的五种条件格式来突出显示数据外，用户还可以根据需要自定义条件格式。在自定义条件格式时，可供选择的规则类型有六种，分别是基于各自值设置所有单元格的格式、只为包含以下内容的单元格设置格式、仅对排名靠前或靠后的数值设置格式、仅对高于或低于平均值的数值设置格式、仅对唯一值或重复值设置格式和使用公式确定要设置格式的单元格。

新建条件格式规则的方法很简单，用户只要在"条件格式"下拉列表中，选择"新建规则"命令，打开"新建格式规则"对话框，在对话框中设置格式规则即可，如图 2-170 所示。

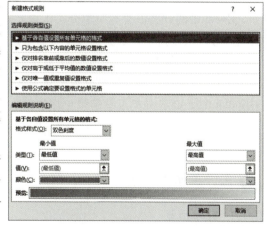

图 2-170　"新建格式规则"对话框

7. 管理规则

当为单元格区域创建多个条件格式规则时，用户可以通过"条件格式规则管理器"对话框来管理这些规则，完成新建规则、编辑规则、删除规则以及设置规则的优先顺序等操作，如图 2-171 所示。

图 2-171　"条件格式规则管理器"对话框

8. 清除规则

当不再需要某个单元格区域或整个工作表中的条件格式规则时，可以将它们清除掉。如果要清除的是其中的某一个规则，则可以在"条件格式规则管理器"对话框中进行，如果想要清除所有规则，则可以在"条件格式"下拉列表中，选择"清除规则"命令，在"清除规则"列表中选择不同的命令，可以清除不同位置的规则，如图 2-172 所示。

图 2-172　"清除规则"列表

二、分类汇总

所谓的分类汇总是指按照某一字段对数据信息进行分类，以便统一同类的数据信息。需要注意的是，在对数据进行分类汇总之前，用户需要对工作表中的数据进行排序。

Excel 中的分类汇总有简单分类汇总、高级分类汇总以及嵌套分类汇总三种方式，通过分类汇总功能，可以从多角度、多层次分析数据信息。

（1）简单分类汇总。简单分类汇总主要用于对数据清单中的某一列排序并进行分类汇总。

（2）高级分类汇总。高级分类汇总主要是用于对数据列表中的某一列进行两种方式的汇总。相对于简单汇总，高级分类汇总结果更加清晰、明了，分析起来更加方便。

（3）嵌套分类汇总。嵌套分类汇总是指对数据列表中的两列或者两列以上的数据信息同时进行汇总。

三、工作表打印

1. 打印预览

选择"文件"｜"打印"命令，或者在快捷访问工具栏中单击"打印预览和打印"按钮，即可在"打印"界面的右侧窗格中看到打印预览效果，如图 2-173 所示。若快速访问工具栏中没有该按钮，单击工具栏右侧的下拉按钮，在弹出的"自定义快速访问工具栏"列表中选中"打印预览和打印"，即可将其显示在快速访问工具栏中。

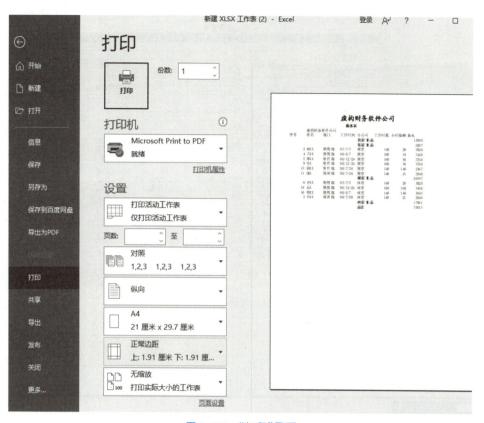

图 2-173 "打印"界面

在"打印"界面的左侧窗格中可设置打印效果。例如，单击"打印机"下拉按钮，可以选择打印机。单击"设置"下拉按钮，可以设置打印的范围，是仅打印选定区域，还是打印活动工作表，或打印整个工作簿。此外，还可以选择要打印的页数、纸张的大小、打印的方向等。

若要退出打印预览，只需单击界面左上方的"返回"按钮，即可返回到对活动工作表的编辑状态。

2. 打印工作表

打印预览满意后，单击"打印"按钮，此时 Excel 将不出现打印设置对话框，而是直接采用默认打印设置开始打印。

训练任务

制作"货品采购清单"工作表时，需要通过条件格式和分类汇总分析数据。

具体编辑要求如下。

(1)打开一个名为"货品采购清单．xlsx"的工作簿。

(2)使用"条件格式"功能突出显示大于 1 000 的合计数据。

(3)使用"降序"功能排序"材料"数据。

(4)使用"分类汇总"功能汇总"材料"数据。

货品采购清单的最终效果如图 2-174 所示。

货品采购清单

序号	品名	规格（厘米）	材料	产品状况	单位	数量	单价（元）	批发价（元）	合计（元）
14	民族面具工艺品		竹	成品	个	9	30	12	270
15	民族面具笔筒工艺品		竹	成品	个	23	35	15	805
	竹 汇总					32		27	1075
16	漆器花瓶		木	成品	个	5	100	60	500
17	漆器烟缸		木	成品		1	76	36	76
	木 汇总					6		96	576
11	雕花画格	119*46*4	椴木	成品	个	1	370	280	370
12	雕花画格	103*69*4	椴木	成品	个	1	520	390	520
	椴木 汇总					2		670	890
6	木船模型工艺品	56*21*15	木竹	成品	个	2	460	320	920
	木竹 汇总					2		320	920
18	根雕茶几	132*110*57	黄金樟	成品	个	1	8000	4520	8000
	黄金樟 汇总					1		4520	8000
13	根艺摆件		杜鹃根	半成品	个	11	220	120	2420
	杜鹃根 汇总					11		120	2420
7	笔架连体笔筒	25*16*9	紫檀木	成品	个	1	920	700	920
8	黄楼连体笔架	26*27*12	紫檀木	成品	个	1	1200	900	1200
9	竹笋黄楼连体芦笙笔架	53*27*10	紫檀木	成品	个	1	2800	2100	2800
10	木雕侧版风雨桥		紫檀木	成品	个	1	8800	6000	8800
	紫檀木 汇总					4		9700	13720
3	龙底花瓶	30*16*10	红檀木	成品	个	1	1600	1300	1600
	红檀木 汇总					1		1300	1600
1	木雕关公	75*35*28	香樟木	成品	个	1	1280	900	1280
2	木雕布袋和尚	46*21*18	香樟木	成品	个	1	780	600	780
4	木雕斗牛	37*15*18	香樟木	成品	对	1	460	360	460
5	木雕梅花鹿	39*15*18	香樟木	成品	个	1	180	150	180
	香樟木 汇总					4		2010	2700
	总计					63		18763	31901

图 2-174　货品采购清单

思政园地

国产办公软件 WPS

1988 年，求伯君花 14 个月的时间，单人单枪开发出 WPS 1.0。WPS 1.0 的成功之处在于独创了"模拟显示"功能，也就是"可见即可得"，使用者可在打印之前看到和调整打印效果，能将计算机中由 1 和 0 组成的数据，打印成符合办公需求的版式，这极大地提高了办公效率。而在此之前，用户是看不到打印效果的，类似于"盲打"。1988 至 1995 年的 7 年时间内，WPS 在整个字处理软件市场上独占鳌头，占据了超过 90％的市场份额。此后，WPS 的作者求伯君被誉为"中国程序员第一人"。

1994 年，随着互联网大门的开启，微软 Office 凭借着与 Windows 捆绑的先天优势打得 WPS 措手不及。为了更好地适配 Windows 平台，应对出现的这个强大对手，求伯君没有继续沿用 WPS 这一家喻户晓的品牌，而是新开创了一个新软件，名字叫"盘古"。不过由于在营销和定位上的错误，以及推出时间上的尴尬，"盘古"遭受到极大的失败打击。

1996 年开始，WPS 逐渐陷入低谷，在资金等方面开始紧张，同时求伯君等人在面对微软 Office 的快速升级时也显得手足无措，在尝试游戏等其他行业的软件市场失败以后，求伯君又重新回到了 WPS 的开发当中。不过就在这时，微软主动联系金山希望达成合作，但这次合作却几乎成为微软 Office 对 WPS 的致命一击。微软提出的合作协议是希望微软 Office 和 WPS 可以在文件格式方面互通，这也就意味着使用微软 Office 的用户可以打开 WPS 文档，而 WPS 的用户也可以打开微软 Office 的文档，这样看似有利于用户体验且达成共赢的合作需求，但没有想到的是随着这项合作的展开，微软 Office 伴随 Windows 系统的普及在中国迅速打开市场，同时由于微软 Office 和 WPS 文档之间已经没有瓶颈，于是多数用户逐渐开始习惯微软 Office，更重要的是微软在中国市场纵容微软 Office 的盗版发展，由此微软 Office 逐渐占据中国大量的市场。

1999 年，WPS 2000 问世，它在文字处理的基础上无缝集成了表格和演示的重要功能，拓展了办公软件的功能，奠定了今日 WPS 的基础。从此，WPS 走出了单一文字处理软件的定位。2001 年，WPS 2000 获国家科技进步二等奖（一等奖空缺），这是国内通用软件行业有史以来获得的国家级最高荣誉。

在中国加入 WTO 之后，中国政府首次进行大规模正版软件采购。经过历时半年的甄选，WPS 通过采用国家机关最新公文模板，支持国家最新合同标准和编码标准 GB 18030 等实实在在的"中国特色"得到了政府部门的青睐，WPS 打响政府采购第一枪：北京市政府采购 WPS Office 11 143 套。从此，WPS 势如破竹，成为我国各级政府机关的标准办公平台。

2005 年，面对微软的强势竞争，金山发誓要收复失地。耗资 3 500 万，100 多名工程师、历时 3 年、重写了 500 万行代码……这就是 WPS Office 2005。"不仅使用习惯和微软相似，而且实现了和微软产品的双向兼容。这个体积只有 15MB 的产品，让金山品牌有了轻盈的活力，标志着 WPS 的重新崛起"。

在和微软十几年的竞争中，从占尽先机到迅速落败，再到 WPS Office 2005 真正获得站起来的力量——WPS 一路走来，历程之曲折，每个人都能看得到。如今 WPS 产品和服务已从中国辐射至全球 220 多个国家和地区，从个人用户端扩展到产业互联网端，从 Windows 平台延伸到 iOS、Android 等移动平台，再延伸到 Mac 平台，截至 2018 年 6 月，WPS 已拥有 3 亿月度活跃用户。每天通过 WPS 客户端处理的文档数量超过 5 亿；WPS 云空间存储的用户文档数据量逾 9.7PB。

（资料来源：秒懂生活网，有改动）

项目考核

填空题

1. 当用户完成对工作簿的编辑后，需要进行_____，当再次打开工作簿时，数据才不会消失。

2. 工作表中的单元格可以看作是数据的最小容器，用户可以在这个容器中输入多种类型的数据，如文本、_____、日期、_____、_____等。

3. _____是工作表的最小组成单位，也是 Excel 整体操作的最小单位。工作表中的每个行列交叉处构成一个_____。

4. 当需要分析数据清单中的数值是否符合特定的条件时，可以使用_____。

5. _____是一种常用的条件函数，它能进行真假判断，并根据逻辑计算的真假值返回不同的结果。

6. _____是指按照选定的内容进行筛选，主要包含简单_____和指定数据筛选两种方式。

选择题

1. 在 Excel 中，所有文件数据的输入及计算都是通过（　　）来完成的。

A. 工作簿　　　　　B. 工作表　　　　　C. 单元格　　　　　D. 窗口

2. 在 Excel 中，单元格引用位置的表示方式为（　　）。

A. 列号加行号　　　B. 行号加列号　　　C. 行号　　　　　　D. 列号

3. Excel 中引用绝对单元格，须在工作表地址前加上（　　）符号。

A. &　　　　　　　B. $　　　　　　　C. @　　　　　　　D. #

4. 在 Excel 中，若单元格引用随公式所在单元格位置的变化而改变，则称为（　　）。

A. 相对引用　　　　B. 绝对引用　　　　C. 混合引用　　　　D. 3—D 引用

5. 在 Excel 中，公式的定义必须以（　　）符号开头。

A. =　　　　　　　B. "　　　　　　　C. :　　　　　　　D. *

6. 在 Excel 文字处理时，强迫换行的方法是在需要换行的位置按（　　）键。

A. Ctrl＋Enter　　　　B. Ctrl＋Tab　　　　C. Alt＋Tab　　　　D. Alt＋Enter

7. Excel 的混合引用表示有（　　）。

A. ＄B＄7　　　　B. ＄B6　　　　C. C7　　　　D. R7

操作题

1. 制作学生课时签到表。

2. 制作销售费用提成表。

3. 制作员工工资表。

4. 制作销售数据统计表。

项目三

演示文稿制作

项目导读

　　PowerPoint 是 Office 系列产品之一，是制作和演示幻灯片的软件。使用 PowerPoint 可以帮助使用者将自己所要表达的信息组织在一组图文并茂的画面中。制作 PowerPoint 应学习以下知识点。

　　(1)创建并保存演示文稿。

　　(2)掌握幻灯片的基本操作。

　　(3)了解幻灯片的浏览视图。

　　(4)掌握在幻灯片中输入与插入内容。

　　(5)插入音频和视频文件。

　　(6)设置放映方式。

　　(7)放映幻灯片。

　　人们工作和生活中常见的演示文稿有工作总结职业规划、培训计划、产品介绍等。本项目通过制作年终总结、App 推广计划、公司简介和培训课件四个典型案例，系统介绍进行演示文稿制作和演示时需要掌握的幻灯片、图片、数据表格、图表以及 SmartArt 的应用与编辑的具体操作方法。

任务一　制作年终总结

在 PowerPoint 中进行演示文稿的制作时，首先要学会新建并保存演示文稿，还要学会幻灯片的基本操作，再输入文本并设置格式进行美化，最后对幻灯片进行浏览操作。

任务描述

本任务是制作年终总结。年终总结是人们对一年来的工作学习进行回顾和分析，从中找出经验和教训，引出规律性认识，以指导今后工作和实践活动的一种应用文体。年终总结的内容包括一年来的情况概述、成绩和经验教训、今后努力的方向。

任务解析

(1)创建并保存演示文稿。

(2)掌握幻灯片的基本操作。

(3)输入和编辑内容。

(4)了解幻灯片的浏览视图。

任务实现

一、创建并保存演示文稿

PowerPoint 自带了多种演示文稿的联机模板，如相册、商务、自然等。用户可以根据需要使用联机模板新建演示文稿，并将其保存到计算机中，具体操作步骤如下。

(1)在桌面上双击 PowerPoint 图标(若桌面上没有图标，可在"开始"菜单中选择 PowerPoint 命令)，进入 PowerPoint 创建界面，在搜索文本框中输入文本"总结"，单击"开始搜索"按钮，如图 3-1 所示。

(2)搜索出关于"总结"的所有 PowerPoint 模板，选择其中一个模板，如图 3-2 所示。

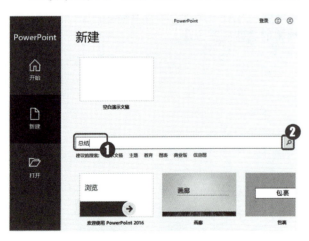

图 3-1　搜索模板

图 3-2　选择模板

（3）打开模板预览窗口，即可看到模板的预览效果，单击"创建"按钮，如图 3-3 所示。

（4）开始下载所选择的模板，如图 3-4 所示。

图 3-3　模板预览　　　　　　　　　　　　图 3-4　下载模板

（5）下载完成后会直接打开演示文稿，将其以"年终总结.pptx"的名称保存到计算机中（保存方法与 Word 和 Excel 相同，这里不再赘述），如图 3-5 所示。

图 3-5　下载后打开的模板

🔊 提示

　　PowerPoint 创建界面中的联机模板必须在连接网络的条件下才可以下载。如果不需要创建联机模板，可直接在 PowerPoint 创建界面选择"空白演示文稿"选项，创建空白的演示文稿。

二、编辑幻灯片

　　创建好演示文稿后，可以对演示文稿中的幻灯片进行编辑，包括新建幻灯片、更改幻灯片版式、移动和复制幻灯片等。

　　（1）在左侧幻灯片窗格中，选中第 1 张幻灯片，在"开始"|"幻灯片"组中单击"新建幻灯片"下拉按钮，在打开的下拉列表中选择"三项目录"选项，如图 3-6 所示。

　　（2）在第 1 张幻灯片的下方插入一张新幻灯片，并自动应用选中的幻灯片版式，如图 3-7 所示。

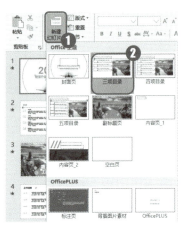

图 3-6　选择幻灯片选项　　　　　　　　　　图 3-7　新建幻灯片

（3）选中第 3 张幻灯片，在"开始"｜"幻灯片"组中单击"版式"按钮，在打开的下拉列表中选择相应的版式选项，如图 3-8 所示。

（4）选中的第 3 张幻灯片被设置为上一步选择的版式，如图 3-9 所示。

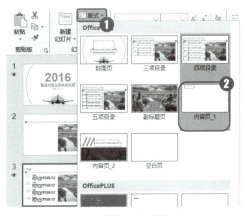

图 3-8　选择幻灯片版式　　　　　　　　　　图 3-9　应用版式

（5）选中第 3 张幻灯片，按住鼠标左键不放，拖动鼠标框选需要删除的元素，按Delete键删除，如图 3-10 所示。

（6）选中要复制的第 3 张幻灯片并右击，在弹出的快捷菜单中选择"复制幻灯片"命令，如图 3-11所示。

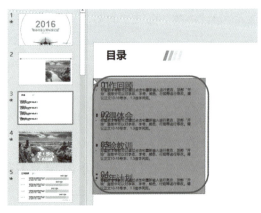

图 3-10　框选元素　　　　　　　　　　图 3-11　复制幻灯片

（7）在选中的幻灯片的下方复制一个格式和内容与它相同的幻灯片，如图 3-12 所示。

(8)选中要移动的第 4 张幻灯片,按住鼠标左键不放,将其拖动到第 3 张幻灯片的位置,释放鼠标即可将选中的幻灯片移动到第 3 张幻灯片的位置,如图 3-13 所示。

　图 3-12　复制幻灯片　　　　　　　　　　　　　图 3-13　移动幻灯片

📢 提示

　　复制幻灯片也可以采用我们常用的复制粘贴的方法,而移动幻灯片则可以用剪切粘贴的方法来实现。

(9)选中第 5 张幻灯片并右击,在弹出的快捷菜单中选择"删除幻灯片"命令,如图 3-14 所示。

(10)删除第 5 张幻灯片,如图 3-15 所示。

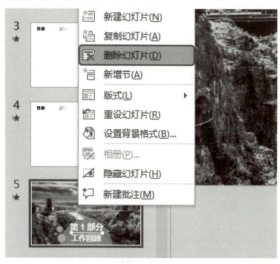

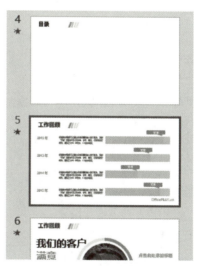

　　图 3-14　选择"删除幻灯片"命令　　　　　　　　图 3-15　删除幻灯片

📢 提示

　　选中要删除的幻灯片,按 Delete 键和 Backspace 键也可以删除幻灯片。

📖 三、输入和编辑演示文稿内容

　　文本是幻灯片的重要组成部分,无论是演讲类、报告类,还是形象展示类的演讲文稿,制作与编辑幻灯片的操作过程中都离不开文本的输入与编辑。

　　(1)选中第 1 张幻灯片,将光标定位在需要更改文本的位置处,单击进入文本编辑状态,如图 3-16所示。

　　(2)删除之前的文本,输入需要的文本,文本框中的文本会自动居中,将鼠标移动到其他位置处单击,结束文本的输入,如图 3-17 所示。

图 3-16　定位光标　　　　　　　　　　图 3-17　更改封面文本

（3）选中第 2 张幻灯片，使用相同的方法更改文本，并选中不需要的文本框，按 Delete 键将其删除，如图 3-18 所示。

（4）按住 Shift 键，选中文本框，在"开始"|"字体"组中设置字体格式，如图 3-19 所示。

图 3-18　更改其余文本　　　　　　　　图 3-19　设置字体格式

（5）选中第 3 张幻灯片，在"开始"|"绘图"组单击"形状"按钮，在打开的下拉列表中选择"文本框"选项，如图 3-20 所示。

（6）鼠标指针变为↓形状，单击需添加文本的空白位置，拖动鼠标绘制一个文本框，在其中输入文本即可，如图 3-21 所示。

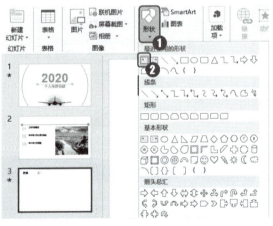

图 3-20　选择"文本框"选项　　　　　　图 3-21　绘制文本框

🔊 提示

　　在选择文本框时，一定要在文本框周围虚线上单击才能选中文本框，且选中后文本框周围的虚线会变为实线，若虚线没有变为实线，则表示未选中文本框，也就不能对文本设置字体格式或段落格式。

（7）拖动文本框周围的八个控制柄，调整文本框的大小，文本框中的文本会随之变化，如图 3-22 所示。

（8）在"开始"｜"段落"组中单击"段落"按钮，打开"段落"对话框，在"缩进"选项组的"特殊"下拉列表框中选择"首行"选项，在"间距"选项组的"行距"下拉列表框中选择"1.5倍行距"选项，单击"确定"按钮，如图3-23所示。

图3-22　调整文本框大小

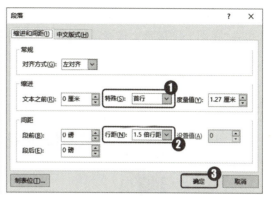

图3-23　设置段落格式

（9）文本框中的文本被应用为设置后的段落格式，将"目录"文本改为"工作内容概述"，如图3-24所示。

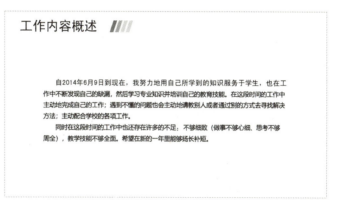

图3-24　完成效果

（10）使用相同的方法，在其他的幻灯片中添加与编辑文本，并删除多余的幻灯片，如图3-25所示。

图3-25　演示文稿效果

🔊 提示

　　在"插入"｜"文本"组单击"文本框"下拉按钮，在打开的下拉列表中选择"横排文本框"选项或"竖排文本框"选项，在空白位置处拖动鼠标也可插入文本框并输入文本。

四、使用视图浏览幻灯片

PowerPoint 为用户提供了普通视图、大纲视图、幻灯片浏览视图、备注页视图和阅读视图五种视图浏览方式，默认情况下为普通视图。使用"幻灯片浏览"视图浏览幻灯片的具体操作步骤如下。

(1)在"视图"｜"演示文稿视图"组中单击"幻灯片浏览"按钮，如图 3-26 所示。

(2)进入幻灯片浏览视图，即可浏览演示文稿中所有幻灯片的整体效果，如图 3-27 所示。

图 3-26　单击"幻灯片浏览"按钮　　　　　图 3-27　幻灯片浏览视图

必备知识

一、演示文稿操作

在制作演示文稿的过程中，通常会用到创建、打开、关闭和保存等操作。

1. 创建演示文稿

在启动 PowerPoint 程序后，软件默认打开的是欢迎页面，在打开的页面中会提示用户创建演示文稿，用户可以根据需要新建空白的演示文稿，或者通过模板创建演示文稿。创建演示文稿的方法有以下几种。

(1)在"文件"界面中选择"新建"命令，进入"新建"界面，单击"空白演示文稿"或其他模板图标。

(2)在快速访问工具栏中单击"新建"按钮。

(3)按 Ctrl＋N 组合键。

2. 打开演示文稿

打开演示文稿的方法有以下几种。

(1)在"文件"界面卡中选择"打开"命令，进入"打开"界面，选择"浏览"选项，如图 3-28 所示。在"打开"对话框中选择需要打开的演示文稿，单击"打开"按钮。

图 3-28　单击"打开"命令打开

（2）在快速访问工具栏中单击"打开"按钮。

（3）按 Ctrl＋O 组合键。

3. 关闭演示文稿

关闭演示文稿的方法有以下几种。

（1）在"文件"界面中选择"关闭"命令。

（2）在标题栏上右击，打开快捷菜单，选择"关闭"命令，如图 3-29 所示。

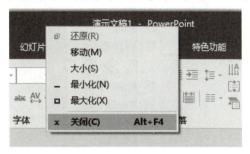

图 3-29　选择"关闭"命令

（3）按 Alt＋F4 组合键。

（4）在标题栏中单击"关闭"按钮。

4. 保存演示文稿

保存演示文稿的方法有以下几种。

（1）在"文件"界面中选择"保存"命令或"另存为"命令。

（2）在快速访问工具栏中单击"保存"按钮。

（3）按 Ctrl＋S 组合键。

二、幻灯片操作

演示文稿是由幻灯片组成的，因此要制作出成功的演示文稿，需要熟悉对幻灯片的操作，包括幻灯片的添加、删除、移动、复制和隐藏等操作。

1. 添加幻灯片

创建好的演示文稿默认情况下只有 1 张幻灯片，需要通过"添加幻灯片"功能重新添加多张幻灯片。添加幻灯片的方法有以下三种。

（1）使用"幻灯片"组。在"开始"选项卡的"幻灯片"组中，单击"新建幻灯片"下拉按钮，打开下拉列表，选择幻灯片样式，如图 3-30 所示。

（2）使用鼠标右键。在演示文稿的"幻灯片"任务窗格中右击，打开快捷菜单，选择"新建幻灯片"命令，如图 3-31 所示。

（3）使用快捷键。按 Ctrl＋M 组合键，新建幻灯片。

图 3-30　"新建幻灯片"下拉列表

图 3-31　选择"新建幻灯片"命令

2. 删除幻灯片

删除幻灯片的方法有以下两种。

(1)使用鼠标右键。在演示文稿的"幻灯片"任务窗格中，选择需要删除的幻灯片并右击，打开快捷菜单，选择"删除幻灯片"命令即可，如图 3-32 所示。

图 3-32　选择"删除幻灯片"命令

(2)使用删除键。选择需要删除的幻灯片，按 Delete 键或 Backspace 键，删除幻灯片。

3. 移动幻灯片

移动幻灯片的方法有以下两种。

(1)使用鼠标拖动。在"幻灯片"任务窗格中，选择需要移动的幻灯片，按住鼠标左键拖动到合适的位置后，释放鼠标。

(2)使用快捷键。选择需要移动的幻灯片，按 Ctrl＋X 组合键，剪切幻灯片，选择需要移动幻灯片的位置，按 Ctrl＋V 组合键，粘贴幻灯片。

4. 复制幻灯片

(1)复制相邻幻灯片。选择需要复制的幻灯片并右击，打开快捷菜单，选择"复制幻灯片"命令，如图 3-33 所示，即可在选择的幻灯片下方复制一张相同的幻灯片。

图 3-33　选择"复制幻灯片"命令

(2)复制不相邻幻灯片。选择需要复制的幻灯片，按 Ctrl＋C 组合键，复制幻灯片，然后选择不相邻的幻灯片位置，按 Ctrl＋V 组合键，即可在该幻灯片位置后复制一张与选择的幻灯片相同的幻灯片。

三、演示文稿视图

在演示文稿制作的不同阶段，PowerPoint 提供了不同的工作环境，称为视图。不同的视图模式会使不同的操作更加简单。下面介绍 PowerPoint 中的各种视图模式。

1. 演示文稿视图

所谓的演示文稿视图，即演示文稿的呈现形式。在 PowerPoint 2016 中，给出了五种基本的视图模式：普通视图、大纲视图、幻灯片浏览视图、备注页视图和阅读视图。在不同的视图中，可以使用相应的方式查看和操作演示文稿。

(1)普通视图。普通视图是 PowerPoint 的默认视图模式，是进行幻灯片操作的最常用的视图模式，如图 3-34 所示。在该视图模式下，可以方便地编辑幻灯片的内容，查看幻灯片的布局，调整幻灯片的结果。切换至"视图"选项卡，单击"演示文稿视图"组中的"普通视图"按钮，看到的就是普通视图窗口。

(2)大纲视图。大纲视图可以使用户看到整个版面中各张幻灯片的主要内容，也可以让用户直接在上面进行排版与编辑，如图 3-35 所示。最主要的是，在大纲视图中可以查看整个演示文稿的主要结构，可以插入新的大纲文件。切换至"视图"选项卡，单击"演示文稿视图"组中的"大纲视图"按钮，看到的就是大纲视图窗口。

图 3-34　普通视图

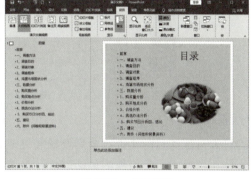

图 3-35　大纲视图

(3)幻灯片浏览视图。利用幻灯片浏览视图可以浏览演示文稿中的幻灯片缩略图，如图 3-36 所示。在这种视图模式下，可以从整体上浏览所有幻灯片的效果，并可进行幻灯片的复制、移动、删除等操作；但不能直接编辑和修改幻灯片的内容，如果要修改幻灯片的内容。则可双击某张幻灯片，切换到幻灯片编辑窗口后进行编辑。切换至"视图"选项卡，单击"演示文稿视图"组中的"幻灯片浏览"按钮，看到的就是幻灯片浏览视图窗口。

(4)备注页视图。备注页视图是用来编辑备注页的，如图 3-37 所示。备注页分为两个部分：上半部分是幻灯片的缩小图像，下半部分是文本预留区。在这种视图模式下，可以一边观看幻灯片，一边在文本预留区内输入幻灯片的备注内容。备注页的备注部分与演示文稿的配色方案彼此独立，打印演示文稿时，可以选择只打印备注页。切换至"视图"选项卡，单击"演示文稿视图"组中的"备注页"按钮，看到的就是备注页视图窗口。

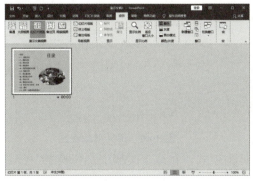

图 3-36　幻灯片浏览视图

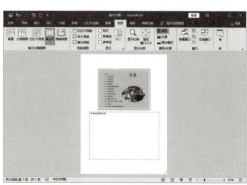

图 3-37　备注页视图

（5）阅读视图。阅读视图用于在计算机上查看演示文稿的人员而非为受众放映演示文稿，如图3-38所示。如果用户希望在一个设有简单控件以方便审阅的窗口中查看演示文稿，而不想使用全屏的幻灯片放映视图，则可以在自己的计算机上使用阅读视图。如果要更改演示文稿，可以随时从阅读视图切换至其他视图。切换至"视图"选项卡，单击"演示文稿视图"组中的"阅读视图"按钮，看到的就是阅读视图窗口。

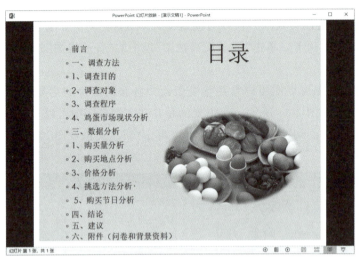

图 3-38 阅读视图

2. 母版视图

使用幻灯片母版的目的是进行全局设置和更改，并使该更改应用到演示文稿中的所有幻灯片，使幻灯片具有统一的格式。母版视图包括幻灯片母版、讲义母版和备注母版三种视图方式，下面将为用户分别进行介绍。

（1）幻灯片母版。幻灯片母版控制演示文稿的外观，包括颜色、字体、背景、效果，在幻灯片母版上插入的形状或图片等内容会显示在所有幻灯片上。在演示文稿中，切换至"视图"选项卡，单击"母版视图"组中的"幻灯片母版"按钮，看到的就是幻灯片母版视图窗口，如图3-39所示。

（2）讲义母版。在讲义母版模式下，可以对演示文稿进行设置，方便打印成讲义。例如，可以进行讲义方向、幻灯片的大小、每页讲义幻灯片数量、页眉和页脚等的设置。在演示文稿中，切换至"视图"选项卡，单击"母版视图"组中的"讲义母版"按钮，看到的就是讲义母版视图窗口，如图3-40所示。

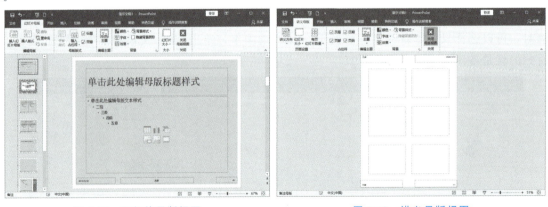

图 3-39 幻灯片母版视图   图 3-40 讲义母版视图

（3）备注母版。备注母版是统一备注页外观和格式的模式。在演示文稿中，切换至"视图"选项卡，单击"母版视图"组中的"备注母版"按钮，看到的就是备注母版视图窗口，如图3-41所示。

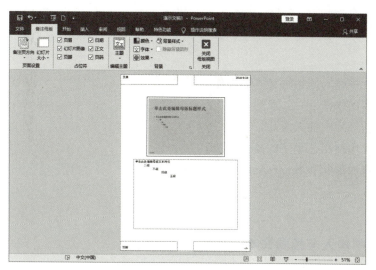

图 3-41　备注母版视图

训练任务

新建一个演示文稿，然后在新建的演示文稿中添加幻灯片和文本内容，并用视图浏览幻灯片。
具体操作要求如下。

（1）新建一个演示文稿，将其命名为"工作计划"。

（2）使用"新建幻灯片"功能，新建多张幻灯片。

（3）使用占位符和文本框功能，在幻灯片中依次添加文本，并设置文本的格式。

（4）使用"视图"功能浏览幻灯片。

演示文稿效果如图 3-42 所示。

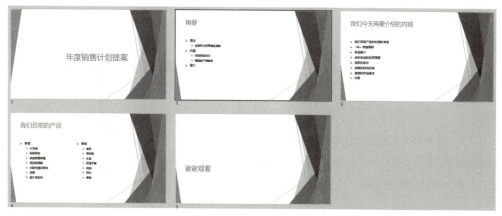

图 3-42　演示文稿效果

任务二　制作 App 推广计划

在 PowerPoint 中进行演示文稿的制作时，首先要学会文本的插入、编辑与排列操作，还要学会
在幻灯片中插入图片、艺术字、形状和 SmartArt 图形等操作。

任务描述

本任务是为某公司旗下的头条号制作一份 App 推广计划。推广是营销中的一个因素，是卖家和买
家之间的信息连接，是传播者向受众传递消息的桥梁，其目的在于提供有关产品的相关讯息，并设法

影响或说服潜在客户接受。

任务解析

（1）掌握在幻灯片中输入与编辑文本的操作。

（2）掌握排列文本的操作。

（3）了解如何在幻灯片中插入图片。

（4）掌握在幻灯片中使用艺术字的操作方法。

（5）在幻灯片中添加形状和 SmartArt 图形，美化幻灯片。

★ 微视频

制作App推广计划

任务实现

一、在幻灯片中输入与编辑文本

在幻灯片中输入合适的文本，才能表达用户意图，而对文本进行设置，不仅能增加幻灯片的美观性，也能让受众对所传递的信息一目了然。输入与编辑文本主要包括设置文本的输入场所、输入文本和编辑文本格式等操作，其操作与 Word 和 Excel 相似，但主要在文本框中完成，具体步骤如下。

（1）打开素材文件夹中的"App 推广计划 .pptx"，在"幻灯片"窗格中选择第 1 张幻灯片，在标题占位符中，单击定位文本插入点，输入"App 推广计划"，再定位到下方的文本框中，输入"××科技有限公司"，如图 3-43 所示。

（2）在"幻灯片"窗格中选择第 2 张幻灯片，在"插入"｜"文本"组中单击"文本框"按钮，在下拉列表中选择"绘制横排文本框"选项，如图 3-44 所示。

图 3-43　在标题占位符中输入文本　　　　　图 3-44　选择文本框

（3）将鼠标指针移至幻灯片中，按住鼠标左键不放并向右拖动，绘制一个文本框，如图 3-45 所示。

（4）在文本框中输入相应内容，如图 3-46 所示。

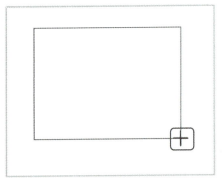
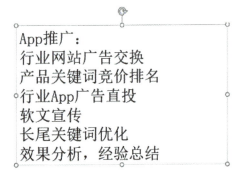

图 3-45　绘制文本框　　　　　　　　图 3-46　输入文本

（5）选中第 1 张幻灯片，选中"App 推广计划"文本，在"开始"｜"字体"组中设置字体为"黑体"，字号为"80"，并加粗文本，如图 3-47 所示。

（6）选中第 2 张幻灯片，选中幻灯片中的文本，在"开始"｜"字体"组中设置字体为"宋体"，字号为"36"，如图 3-48 所示。

图 3-47 设置字体和字号

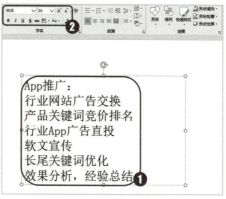

图 3-48 设置字体和字号

二、对文本排列进行设置

在演示文稿中，同样可以对文本的排列进行设置，如设置项目符号和编号，设置段距与行距等，具体操作步骤如下。

（1）在第 2 张幻灯片中，选中除"App 推广："外的其他文本，在"开始"｜"段落"组中单击"项目符号"下拉按钮，在打开的下拉列表中选择一种项目符号，如图 3-49 所示。

（2）设置项目符号的效果如图 3-50 所示。

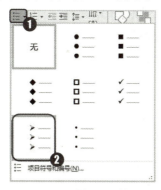

图 3-49 选择项目符号

图 3-50 设置项目符号的效果

（3）选中第 5 张幻灯片，选中要设置编号的文本，在"开始"｜"段落"组中单击"编号"下拉按钮，在打开的下拉列表中选择一种编号，如图 3-51 所示。

（4）添加编号的效果如图 3-52 所示。

图 3-51 选择编号样式

图 3-52 添加编号的效果

（5）选中第 3 张幻灯片，选中需要设置段落格式的文本，在"开始"｜"段落"组中单击右下角的"段落"按钮，如图 3-53 所示。

图 3-53　单击扩展按钮

（6）在打开的"段落"对话框的"缩进"选项组中，设置"特殊"为"首行"，在"间距"选项组中，设置"行距"为"2 倍行距"，单击"确定"按钮，如图 3-54 所示。

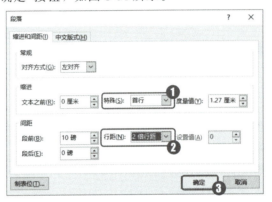

图 3-54　设置段落格式

（7）设置段落格式的效果如图 3-55 所示。

图 3-55　设置段落格式的效果

三、在幻灯片中插入图片

演示文稿中插入图片后，可以更好地对内容进行说明。在 App 推广计划中，必定涉及 App 图标以及显示效果等图片的展示。下面在"App 推广计划.pptx"文档中插入并美化图片。

（1）选择第 1 张幻灯片，在"插入"｜"图像"组中单击"图片"按钮，如图 3-56 所示。

（2）打开"插入图片"对话框，找到图片存储位置，选择图片，单击"插入"按钮，如图 3-57 所示。

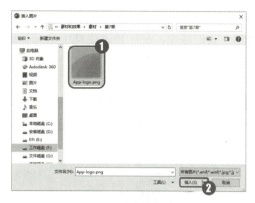

图 3-56 单击"图片"按钮　　　　　　　　　　图 3-57 选择图片

（3）图片被插入到第 1 张幻灯片中，并居中显示，如图 3-58 所示。

（4）选择文本框，按住鼠标左键不放并拖动，调整文本框位置，使用相同的方法，调整图片位置，如图 3-59 所示。

图 3-58 插入图片　　　　　　　　　　图3-59 调整文本框和图片位置

（5）在第 1 张幻灯片中选中图片，在"图片工具"｜"格式"｜"图片样式"组中单击"快速样式"按钮，在下拉列表中选择"映像圆角矩形"选项，如图 3-60 所示。

（6）设置图片样式的效果如图 3-61 所示。

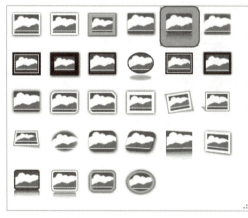

图 3-60 选择图片样式　　　　　　　　　　图 3-61 设置图片样式的效果

🔊 提示

"图片工具"｜"格式"选项卡中的命令都可以应用在图片上，用户可根据需要选择合适的命令。

四、使用艺术字美化文字

在幻灯片中插入艺术字，可以使相关文本在幻灯片中更加突出，给商业演示文稿增加更丰富的演示效果。下面在"App 推广计划.pptx"演示文稿中为标题文本设置艺术字样式。

（1）选择第 1 张幻灯片，在标题占位符中选择标题文本，在"绘图工具"｜"格式"｜"艺术字样式"组中单击"文本效果"按钮，在打开的下拉列表中选择"阴影"选项，在子列表的"外部"栏中选择"向下偏移"选项，如图 3-62 所示。

（2）在"形状样式"组中单击"文本效果"按钮，在打开的下拉列表中选择"映像"选项，在子列表的"映像变体"栏中选择"紧密映像，4pt 偏移量"选项，如图 3-63 所示。

图 3-62　选择阴影效果

图 3-63　选择映像效果

（3）返回 PowerPoint 工作界面，即可看到设置艺术字样式的效果如图 3-64 所示。

图 3-64　设置艺术字样式的效果

五、添加和编辑形状

绘制形状主要是通过拖动鼠标完成的，在 PowerPoint 中选择需要绘制的形状后，拖动鼠标即可绘制该形状。下面在"App 推广计划.pptx"演示文稿中绘制直线和矩形。

（1）选择第 1 张幻灯片，在"插入"｜"插图"组中，单击"形状"按钮，在下拉列表的"矩形"栏中选择"圆角矩形"选项，如图 3-65 所示。

（2）在幻灯片中拖动鼠标绘制矩形，在"绘图工具"｜"格式"｜"排列"组中单击"下移一层"按钮，调整矩形的叠放顺序，如图 3-66 所示。

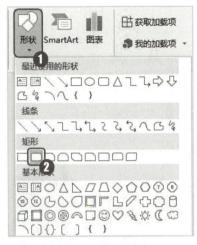

图 3-65　选择形状

图 3-66　绘制矩形

🔊 提示

　　如果要从中心开始绘制形状，则在按住 Ctrl 键的同时拖动鼠标；如果要绘制规范的正方形和圆形，则在按住 Shift 键的同时拖动鼠标。

　　(3)在"形状样式"组中单击"形状轮廓"下拉按钮，在打开的下拉列表中选择"粗细"选项，在子列表中选择"2.25 磅"选项，如图 3-67 所示。

　　(4)在"绘图工具"|"格式"|"形状样式"组中单击"形状轮廓"下拉按钮，在打开的下拉列表中选择"其他轮廓颜色"选项，如图 3-68 所示。

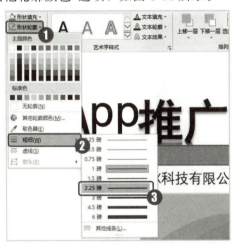

图 3-67　设置轮廓粗细

图 3-68　选择"其他轮廓颜色"选项

　　(5)打开"颜色"对话框，设置 RGB 的颜色值均为 255，轮廓颜色被设置为白色，单击"确定"按钮，如图 3-69 所示。

　　(6)在"绘图工具"|"格式"|"形状样式"组中单击"形状填充"下拉按钮，在打开的下拉列表中选择"其他填充颜色"选项，如图 3-70 所示。

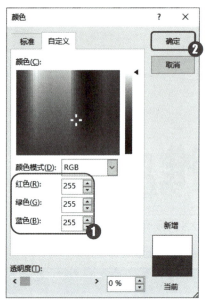

图 3-69　设置轮廓颜色　　　　　　　　图 3-70　选择"其他填充颜色"选项

（7）打开"颜色"对话框，在"自定义"选项卡中设置 RGB 的颜色值为 213、151、178，如图 3-71 所示。

（8）切换至"标准"选项卡，在"透明度"数值框中输入"50%"，单击"确定"按钮，如图 3-72 所示。

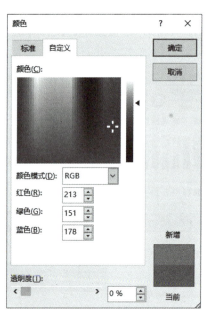

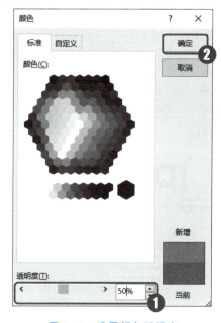

图 3-71　设置填充颜色　　　　　　　　图 3-72　设置颜色透明度

（9）在"绘图工具"｜"格式"｜"形状样式"组中单击"形状效果"下拉按钮，在打开的下拉列表中选择"阴影"选项，在子列表的"外部"栏中选择"右下偏移"选项，如图 3-73 所示。

（10）设置形状的最后效果如图 3-74 所示。

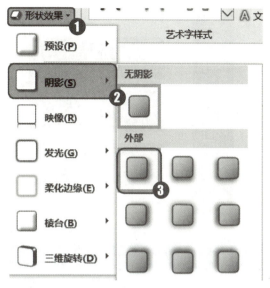

图 3-73　选择形状阴影

图 3-74　设置形状的最后效果

六、添加与美化 SmartArt 图形

在 PowerPoint 中插入与编辑 SmartArt 图形的操作，与在 Word 中基本相同。下面在"App 推广计划.pptx"演示文稿中插入 SmartArt 图形。在创建 SmartArt 图形后，其外观样式和字体格式都保持默认设置，用户可以根据实际需要对其进行各种设置。美化 SmartArt 图形操作包括颜色、样式、形状和艺术字的设置等，其具体操作步骤如下。

（1）选择第 5 张幻灯片，按 Enter 键插入一张默认的"标题和内容"的幻灯片，在内容占位符中单击"插入 SmartArt 图形"按钮，如图 3-75 所示。

（2）打开"选择 SmartArt 图形"对话框，在左侧的列表框中选择"层次结构"选项，在中间的列表框中选择"水平多层层次结构"选项，单击"确定"按钮，如图 3-76 所示。

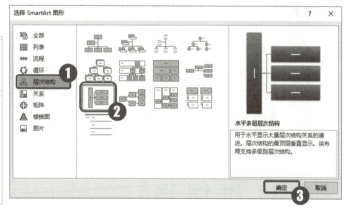

图 3-75　单击"插入 SmartArt 图形"按钮

图 3-76　选择 SmartArt 图形

（3）将在选中的幻灯片中插入选择的 SmartArt 图形，如图 3-77 所示。

（4）选中标题占位符，按 Delete 键将其删去，在 SmartArt 图形中输入文本内容，单击左上角的控制点，按住鼠标左键不放并拖动，将图形放大，如图 3-78 所示。

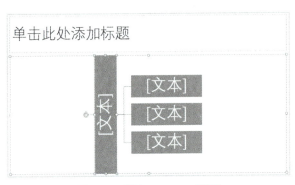

图 3-77　插入 SmartArt 图形

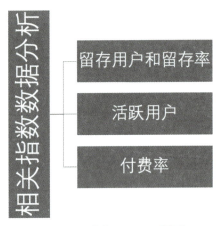

图 3-78　放大 SmartArt 图形

> 🔊 **提示**
>
> 　　用户可根据需要在 SmartArt 图形中添加或删除图形，其操作方法与在 Word 中的操作方法相同，可通过右键快捷菜单进行操作，也可在"SmartArt 工具"｜"设计"｜"创建图形"组中，通过"添加形状"命令进行操作，这里不再赘述。

　　(5)选择幻灯片中的 SmartArt 图形，在"SmartArt 工具"｜"设计"｜"SmartArt 样式"组中单击"更改颜色"按钮，在下拉列表的"彩色"栏中选择"彩色范围—个性色 5 至 6"选项，如图 3-79 所示。

　　(6)在"SmartArt 样式"组中单击"快速样式"按钮，在下拉列表的"三维"栏中选择"粉末"选项，如图 3-80 所示。

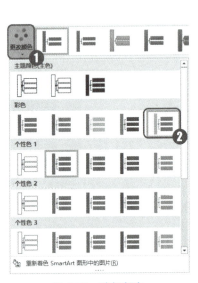

图 3-79　选择颜色

图 3-80　应用样式

　　(7)返回 PowerPoint 工作界面，即可看到应用 SmartArt 图形样式的效果，如图 3-81 所示。

　　(8)选择 SmartArt 图形中竖着的矩形，在"SmartArt 工具"｜"格式"｜"形状"组中单击"更改形状"按钮，在下拉列表的"矩形"栏中选择"剪去对角的矩形"选项，如图 3-82 所示。

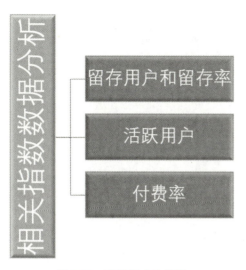

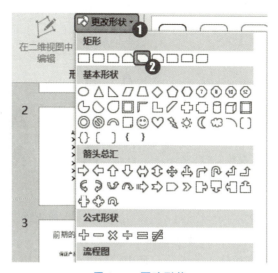

图 3-81　应用样式的效果　　　　　图 3-82　更改形状

（9）选择 SmartArt 图形，"SmartArt 工具"｜"格式"｜"艺术字样式"组中单击"文本填充"按钮，在下拉列表的"主题颜色"栏中选择"橙色，个性色 2，深色 25％"选项，如图 3-83 所示。

（10）返回 PowerPoint 工作界面，即可看到更改 SmartArt 图形形状的效果如图 3-84 所示。

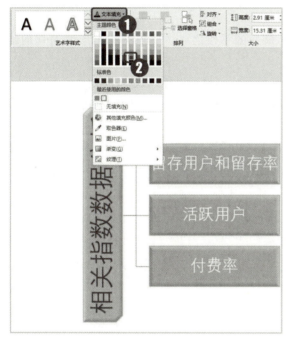

图 3-83　设置艺术字颜色

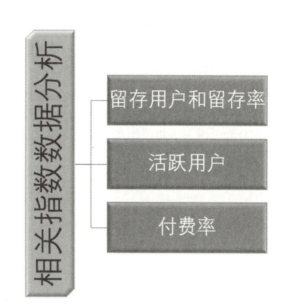

图 3-84　更改形状的效果

必备知识

一、艺术字

添加艺术字效果是 PowerPoint 中一项强大的文字处理功能，它可以对文字的字形、字号、形状、颜色添加特殊的效果，并能将文字以图形图片的方式进行编辑。

在 PowerPoint 中预设的艺术字样式有 20 种，如图 3-85 所示。用户可以根据需要快速应用这些预设的艺术字样式。

图 3-85　艺术字样式

为文本添加艺术字效果有以下两种方式。

（1）直接插入艺术字。选中幻灯片，单击"插入"|"文本"组中的"艺术字"按钮，在下拉列表中选择艺术字样式，在幻灯片中出现一个艺术字的文本框，在其中直接输入文本内容即可。

（2）为文本应用艺术字样式。选中需要添加艺术字效果的文本，单击"绘图工具"|"格式"选项卡下"艺术字样式"组中的"其他"按钮，在下拉列表中选择艺术字效果即可。

二、图片

插入图片是美化幻灯片和突出幻灯片演示效果的最好的手段之一，要想制作出形象逼真的幻灯片，就必须学会使用这项功能。

在幻灯片中插入图片时，可以插入本地磁盘中已有的图片，也可以插入联机图片。

（1）本地图片。选中幻灯片，在"插入"|"图像"组中单击"图片"按钮，打开"插入图片"对话框，在对应的文件夹中选择图片，单击"插入"按钮即可。

（2）联机图片。单击"联机图片"按钮，打开"插入图片"对话框，如图 3-86 所示，即可添加网站搜索的图片和云服务中的图片。

图 3-86　"插入图片"对话框

三、形状

在幻灯片中，用户可以使用"形状"功能，绘制出自己想要的图片，然后使用"形状样式"功能，对绘制的形状进行美化操作。

在幻灯片中插入形状的方法很简单，在"插入"|"插图"组中单击"形状"下拉按钮，在下拉列表中选择形状即可，如图 3-87 所示。绘制形状后，在"绘图工具"|"格式"选项卡的"形状样式"组中，可以对形状填充、形状轮廓和形状效果进行设置，如图 3-88 所示。

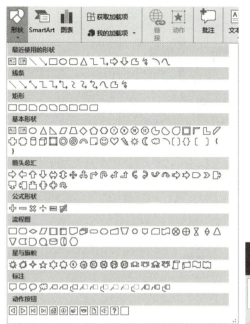

图 3-87　"形状"下拉列表

图 3-88　"形状样式"组

四、SmartArt 图形

SmartArt 图形是信息和观点的视觉表示形式。在 PowerPoint 中，可以从多种不同布局中创建 SmartArt 图形，从而快速、轻松、有效地传达信息。

1. 更改 SmartArt 图形布局

编辑好 SmartArt 图形后，有时觉得图形的布局不是很合理，此时可以使用"布局"功能，重新更改 SmartArt 图形的布局。

更改 SmartArt 图形布局的方法很简单，选择 SmartArt 图形，在"SmartArt 工具"|"设计"选项卡的"版式"组中，单击"其他"按钮，在下拉列表中选择 SmartArt 布局即可，如图 3-89 所示。如果需要使用其他的布局，则可以在下拉列表中选择"其他布局"选项，打开"选择 SmartArt 图形"对话框，选择其他的布局。

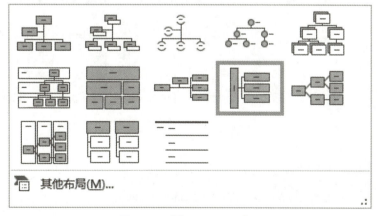

图 3-89　选择 SmartArt 布局

2. 更改 SmartArt 图形样式

添加 SmartArt 图形后，可以对 SmartArt 图形的样式进行更改。在"SmartArt 工具"|"设计"选项卡的"SmartArt 样式"组中，单击"其他"按钮，在下拉列表中选择 SmartArt 样式，如图 3-90 所示。

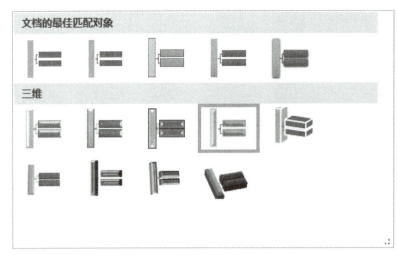

图 3-90　选择 SmartArt 样式

训练任务

在素材文件夹中打开一个演示文稿，然后在打开的演示文稿中添加图片、艺术字、形状和 Smart-
Art 图形。

具体操作要求如下。

(1)打开一个名为"年终工作汇报．pptx"的演示文稿。

(2)插入图片丰富演示文稿。

(3)插入艺术字美化文字。

(4)添加形状美化演示文稿。

(5)插入 SmartArt 图形美化幻灯片。

演示文稿效果如图 3-91 所示。

图 3-91　演示文稿效果

任务三 制作公司简介

在 PowerPoint 中进行演示文稿制作时，首先要学会使用音频和视频功能为幻灯片添加视频和音频效果；其次要学会通过添加与编辑动画，使幻灯片具有动感效果。

任务描述

本任务是制作某公司的简介。公司简介即简明扼要地介绍公司情况，是全面而简洁地介绍情况的一种书面表达方式，它是应用写作学研究的一种日常应用文体。

任务解析

(1)插入音频和视频文件。
(2)设置幻灯片的切换效果。
(3)添加动画效果。
(4)打包和打印幻灯片。

★微视频

制作公司简介

任务实现

一、插入音频文件

在 PowerPoint 中可以插入剪辑管理器中的声音，也可插入计算机中的音频文件。下面在打开的素材文件中插入计算机中的音频文件。

(1)打开"公司简介.pptx"素材文件，选中第 1 张幻灯片，在"插入"|"媒体"组中单击"音频"按钮，在打开的下拉列表中选择"PC 上的音频"选项，如图 3-92 所示。

(2)打开"插入音频"对话框，在计算机中选择素材文件"音频.mp3"，单击"插入"按钮，如图 3-93 所示。

图 3-92 选择"PC 上的音频"选项　　　　图 3-93 选择音频文件

(3)在幻灯片中插入选择的音频文件，选中音频文件，单击"播放"按钮，即可播放音频，如图 3-94 所示。

(4)选中音频文件，在"音频工具"|"播放"|"音频样式"组中单击"在后台播放"按钮，如图 3-95 所示。

图 3-94　播放音频

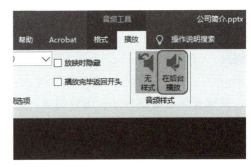

图 3-95　单击"在后台播放"按钮

（5）选中音频文件，在"幻灯片放映"｜"开始放映幻灯片"组中单击"从头开始"按钮，即可放映幻灯片并循环播放音频文件，如图 3-96 所示。

图 3-96　循环播放音频

二、插入视频文件

在 PowerPoint 中可以插入联机视频，也可以插入计算机中的视频文件。下面在"公司简介.pptx"演示文稿中插入计算机中的视频文件。

（1）在第 1 张幻灯片后新建一张幻灯片，设置版式并输入标题文本，如图 3-97 所示。

（2）在"插入"｜"媒体"组中单击"视频"按钮，在打开的下拉列表中选择"PC 上的视频"选项，如图 3-98 所示。

图 3-97　新建幻灯片并插入标题

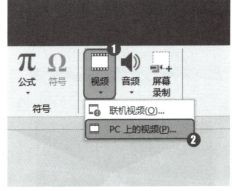

图 3-98　选择"PC 上的视频"选项

（3）打开"插入视频文件"对话框，在计算机中选择视频文件"视频.wmv"，单击"插入"按钮，如图 3-99 所示。

（4）在幻灯片中插入选择的视频文件，选中视频文件，单击"播放"按钮，即可播放视频，如图 3-100 所示。

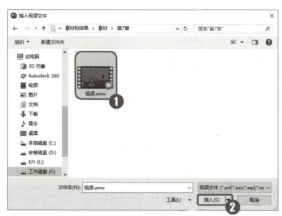

图 3-99　选择视频文件

图 3-100　播放视频

（5）选中视频文件，拖动周围的控制柄调整其大小，如图 3-101 所示。

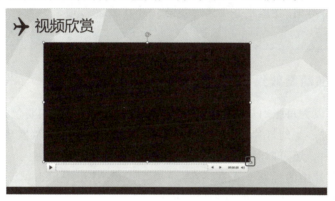

图 3-101　调整视频大小

三、设置幻灯片的切换效果

幻灯片切换动画就是在一张幻灯片放映结束后切换到下一张幻灯片时的动画效果，设置动画之后可使幻灯片之间的衔接更加自然、生动。下面为演示文稿中的第 1 张和第 2 张幻灯片添加切换的动画效果。

（1）选择第 1 张幻灯片，在"切换"｜"切换到此幻灯片"组中单击"切换样式"按钮，在打开的下拉列表中选择"平移"选项，如图 3-102 所示。

（2）应用切换动画效果后，幻灯片会自动预览效果，也可单击"切换"｜"预览"组中的"预览切换"按钮，预览切换动画，如图 3-103 所示。

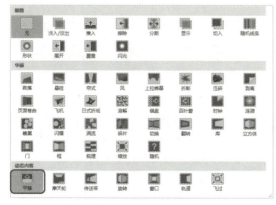

图 3-102　选择切换动画

图 3-103　预览切换动画

（3）在"切换"｜"计时"组中单击"声音"下拉按钮，选择"风声"选项，设置幻灯片切换时的音效，在"持续时间"数值框中输入切换的长度，即持续时间的长短，如图3-104所示。

图3-104　设置声音和持续时间

🔊 **提示**

在"切换"｜"计时"组中单击"应用到全部"按钮，可将当前幻灯片的切换效果应用于演示文稿的所有幻灯片；勾选"单击鼠标时"复选框，表示在放映幻灯片时只有单击鼠标时才播放幻灯片切换动画；勾选"设置自动换片时间"复选框并设置时间后，可在放映幻灯片时根据设置的间隔时间进行自动切换。

四、为幻灯片添加动画效果

在PowerPoint中可以为每张幻灯片中的各个对象添加动画效果，主要包括进入动画、强调动画、退出动画和路径动画四种。为幻灯片添加这些动画特效，可以使演示文稿实现和Flash动画一样的动画效果，添加动画效果后，还可以对动画进行设置，其具体操作步骤如下。

（1）选中第2张幻灯片中的标题文本框，在"动画"｜"动画"组中单击"其他"按钮，在打开的下拉列表的"进入"栏中选择"浮入"选项，如图3-105所示。

（2）选中的标题文本框会应用"浮入"动画效果，并在幻灯片中显示动画编号，如图3-106所示。

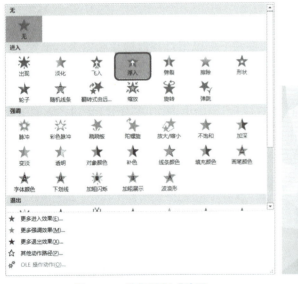

图3-105　选择"浮入"动画　　　　　图3-106　添加动画效果

🔊 **提示**

在"动画"｜"动画"组中单击"其他"按钮，在打开的下拉列表中选择"更多进入效果""更多强调效果"等选项，可以在打开的对话框中添加更多的动画效果。

（3）选中圆角矩形，应用"劈裂"动画效果；选中图形对象，应用"缩放"动画效果；选中文本，应用"擦除"动画效果，幻灯片会显示各个对象的动画编号，如图3-107所示。

（4）使用相同的方法，分别为其余的对象应用同样的动画效果，如图3-108所示。

图 3-107　为其他对象应用动画　　　　　　　　图 3-108　设置动画效果

（5）选中第1个圆角矩形，在"动画"|"高级动画"组中单击"添加动画"按钮，在打开的下拉列表中选择"脉冲"选项，为该图形对象应用多个动画效果，如图3-109所示。

（6）使用相同的方法，为其他三个圆角矩形对象添加相同的动画效果，如图3-110所示。

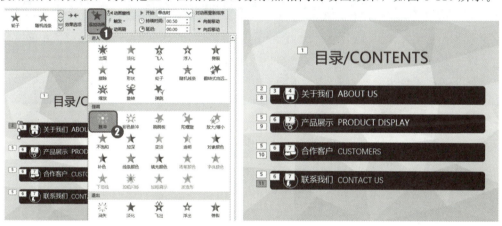

图 3-109　选择"脉冲"动画效果　　　　　　　　图 3-110　添加多个动画效果

（7）在"动画"|"高级动画"组中单击"动画窗格"按钮，打开"动画窗格"窗口，在其中可查看设置的动画，如图3-111所示。

（8）选中第1个动画效果，单击右侧的下拉按钮，在打开的下拉列表中选择"从上一项开始"选项，设置动画的开始播放时间，如图3-112所示。

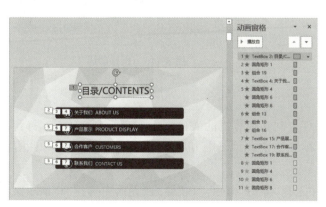

图 3-111　打开"动画窗格"窗格　　　　　　　　图 3-112　设置第 1 个动画效果

（9）选中其他动画效果并右击，在弹出的快捷菜单中选择"从上一项开始"命令，如图 3-113 所示。

（10）选中第 2 个动画效果并右击，在弹出的快捷菜单中选择"计时"命令，打开"劈裂"对话框，在"计时"选项卡的"延迟"数值框中设置时间为 1 秒，单击"确定"按钮，如图 3-114 所示。

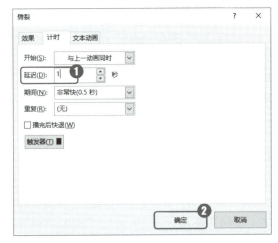

图 3-113 设置其他动画效果   图 3-114 设置时间

> **提示**
>
> 选中某个动画效果后，可在"动画"|"计时"组中单击"向前移动"和"向后移动"按钮调整动画的顺序；也可在"动画窗格"窗口中单击"上移"和"下移"按钮调整顺序；还可在"动画窗格"窗口中选择动画选项，按住鼠标左键不放拖动调整顺序。

（11）使用相同的方法，为其他动画效果设置时间，注意设置时时间要逐渐加长，如图 3-115 所示。

（12）预览动画效果，如图 3-116 所示。

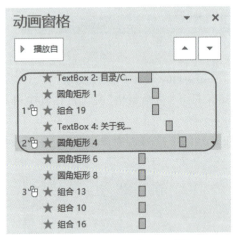

图 3-115 设置其他动画时间   图 3-116 预览动画

🍎 五、打包幻灯片

打包是指将演示文稿和与之链接的文件复制到计算机的文件夹中或刻录到 CD 上。打包后的演示文稿可以不用 PowerPoint 进行放映，且在缺少字体的计算机上也可以进行放映。其具体操作步骤如下。

（1）单击"文件"按钮，在打开的界面中选择"导出"命令，在"导出"界面中选择"将演示文稿打包成CD"选项，单击"打包成 CD"按钮，如图 3-117 所示。

（2）打开"打包成 CD"对话框，设置 CD 的名称，单击"复制到文件夹"按钮，如图 3-118 所示。

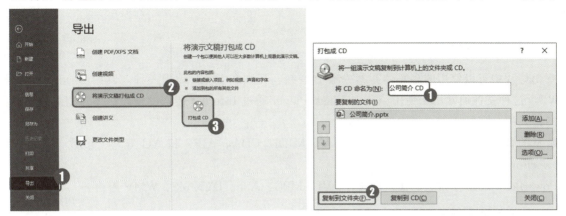

图 3-117　单击"打包成 CD"按钮　　　　图 3-118　"打包成 CD"对话框

（3）打开"复制到文件夹"对话框，单击"浏览"按钮设置保存位置，完成后单击"确定"按钮，如图 3-119 所示。

（4）打开提示对话框，提示是否一起打包链接文件。单击"是"按钮，打包演示文稿，如图 3-120 所示。

图 3-119　设置保存位置　　　　　　　　图 3-120　提示是否包括

（5）打包完成后将返回"打包成 CD"对话框，单击"关闭"按钮关闭对话框，系统将自动打开打包文件所在文件夹，如图 3-121 所示。

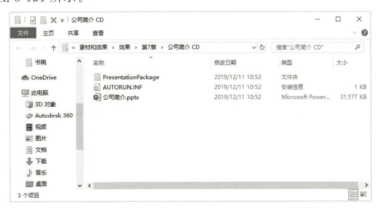

图 3-121　查看打包文件

提示

在"导出"界面中选择"创建 PDF/XPS 文档"选项，可以将演示文稿导出为 PDF 或 XPS 文件；选择"创建视频"选项，单击"创建视频"按钮，可以将演示文稿创建为 MP4 格式的视频文件。

必备知识

一、音频和视频格式

在幻灯片中可以使用的多媒体元素一般有音频、视频和 Flash 动画三种，其中 Flash 动画的格式为 SWF，这种文件通常用于使用 Adobe Flash Player 通过 Internet 传送的视频。不过幻灯片对音频和视频的格式有一定的要求，下面具体介绍。

常见的音频格式有 MP3、WMA、WAV、MIDI、CDA、AIFF 和 AU 等，大多数音频格式都能在 PowerPoint 中正常工作。

PowerPoint 2016 中常见的视频格式有 AVI、MPG、ASF、DVR-MS、WMV 等。

二、音频播放方式

设置音频的播放方式是通过"音频工具"｜"播放"选项卡实现的。在该选项卡的"音频选项"组中，单击"开始"下拉按钮，打开下拉列表，其中有"按照单击顺序""自动""单击时"三种播放方式，如图 3-122 所示。

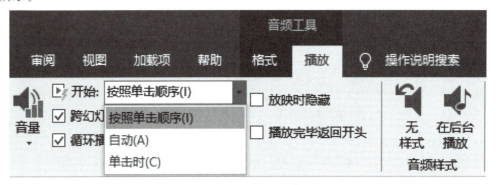

图 3-122　"开始"列表

在该列表中各选项的含义如下。

(1)自动。选择该选项，音频将在幻灯片开始放映时自动播放，直到音频结束。

(2)单击时。选择该选项，在幻灯片放映时，音频不会自动播放，只有单击音频图标或启动音频的按钮时，才会播放音频。

(3)按照单击顺序。选择该选项，可以按照音频的单击顺序来播放幻灯片中的音频。

三、动画分类

在 PowerPoint 中，幻灯片动画分为幻灯片页面之间的切换动画和幻灯片对象的进入动画、退出动画、强调动画等。

(1)切换动画。幻灯片的页面切换动画是指放映幻灯片时，一张幻灯片放映结束，下一张幻灯片显示在屏幕上的方式。它是为了打破幻灯片页面之间切换时的单调感而设计的。PowerPoint 2016 自带了多种幻灯片页面之间的切换效果，如图 3-123 所示。

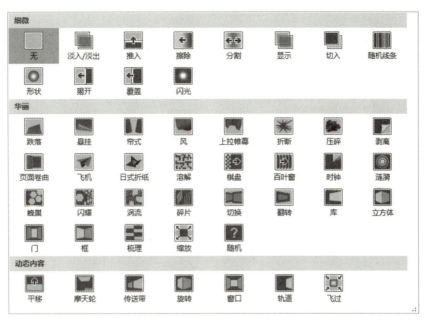

图 3-123　切换效果

（2）进入动画。进入动画是指幻灯片对象依次出现时的动画效果，是幻灯片中最基本的动画效果。进入效果包含基本、细微、温和以及华丽四种，如图3-124所示。

（3）强调动画。强调动画是指幻灯片在放映过程中，吸引观众注意的一类动画，也包含基本、细微、温和以及华丽四种，如图 3-125 所示（"华丽"需下拉显示）。但是强调动画的四种动画类型不如进入动画的动画效果明显，且动画种类也比较少。

图 3-124　进入动画效果

图 3-125　强调动画效果

（4）退出动画。退出动画是对象消失的动画效果，与进入动画相近，如图 3-126 所示。退出动画一般是与进入动画相对应的，即对象是按哪种效果进入的，就会按照同样的效果退出。

（5）动作路径动画。使用动作路径动画，用户可以按照绘制的路径进行移动。动作路径动画包含基本、直线和曲线、特殊 3 种，如图 3-127 所示。

图 3-126　退出动画效果　　　图 3-127　动作路径动画效果

训练任务

在素材文件夹中打开一个演示文稿，然后在打开的演示文稿中添加音频和动画效果，使幻灯片更加丰富。

具体操作要求如下。

(1) 打开一个名为"个人简历.pptx"的演示文稿。

(2) 在第 1 张幻灯片中插入音频素材。

(3) 为幻灯片添加切换和动画效果。

演示文稿效果如图 3-128 所示。

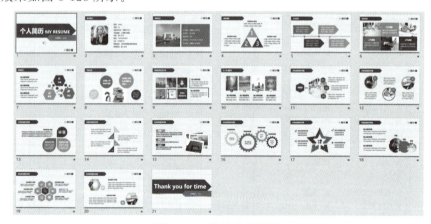

图 3-128　演示文稿效果

任务四　设计培训课件

在 PowerPoint 中进行演示文稿放映时，首先要学会幻灯片的放映操作，然后通过动作和超链接实现幻灯片的交互，最后对幻灯片进行打印与导出操作。

任务描述

本案例是放映培训课件。课件是创作人员根据自己的创意，从总体上对信息进行分类组织，然后集合文字、图形、图像、声音、动画、影像等多种媒体素材制作而成的。现在应用最广泛的多媒体课件形式是由 PowerPoint 制作的演示文稿。

任务解析

(1)添加动作按钮。
(2)创建超链接。
(3)设置放映方式。
(4)放映幻灯片。
(5)设置排练计时。
(6)输出和打印幻灯片。

★ 微视频

设计培训课件

任务实现

一、设置放映方式

幻灯片的放映方式主要包括放映类型、放映幻灯片的数量、换片方式和是否循环放映演示文稿等。下面对演示文稿设置循环放映。

(1)打开"培训课件.pptx"素材演示文稿，在"幻灯片放映"|"设置"组中单击"设置幻灯片放映"按钮，如图 3-129 所示。

(2)打开"设置放映方式"对话框，在"放映选项"选项组中勾选"循环放映，按 Esc 键终止"复选框，在"推进幻灯片"选项组中选中"手动"单选按钮，其他设置保持默认，单击"确定"按钮即可，如图 3-130 所示。

图 3-129　单击"设置幻灯片放映"按钮

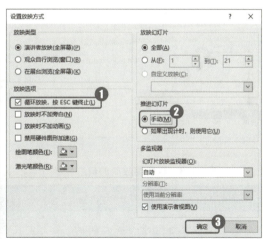

图 3-130　设置放映方式

🔊 提示

在"放映幻灯片"选项组中可设置需要进行放映的幻灯片数量。在"推进幻灯片"选项组中选中"如果出现计时，则使用它"单选按钮，如果没有已保存的排练计时，放映时还是以手动方式进行控制。

二、自定义幻灯片放映

自定义幻灯片放映是指有选择性地放映部分幻灯片，这类放映方式多应用于大型演示文稿幻灯片的放映。对演示文稿设置自定义幻灯片放映的具体操作步骤如下。

（1）在"幻灯片放映"｜"开始放映幻灯片"组中单击"自定义幻灯片放映"按钮，在打开的下拉列表中选择"自定义放映"选项，如图 3-131 所示。

（2）打开"自定义放映"对话框，单击"新建"按钮，如图 3-132 所示。

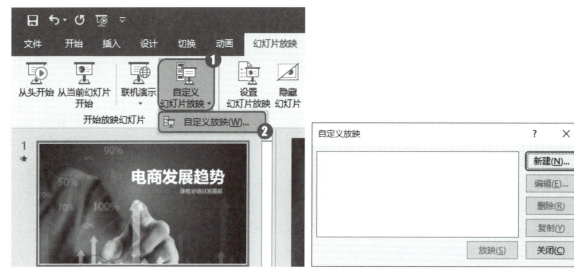

图 3-131　选择"自定义放映"选项　　　　　　　图 3-132　单击"新建"按钮

（3）在打开的"定义自定义放映"对话框的"幻灯片放映名称"文本框中输入本次放映名称，在"在演示文稿中的幻灯片"列表框中勾选要放映的幻灯片复选框，单击"添加"按钮，如图 3-133 所示。

（4）单击"确定"按钮，返回"自定义放映"对话框，单击"放映"按钮，即可进入幻灯片放映状态进行观看，如图 3-134 所示。

图 3-133　选择要放映的幻灯片　　　　　　　图 3-134　确定设置

◁》提示

在"定义自定义放映"对话框右侧的"在自定义放映中的幻灯片"列表框中选中幻灯片，单击"向上"和"向下"按钮可调整幻灯片的顺序，单击"删除"按钮可删除该幻灯片。

🍎 三、录制旁白

在放映幻灯片时，在没有解说员或演讲者的情况下，可事先为演示文稿录制好旁白。为演示文稿录制旁白的具体操作步骤如下。

（1）在"幻灯片放映"｜"设置"组中单击"录制幻灯片演示"按钮，在打开的下拉列表中选择"从头开始录制"选项，如图 3-135 所示。

（2）打开"录制幻灯片演示"对话框，单击"开始录制"按钮，即可开始录制旁白，如图 3-136 所示。

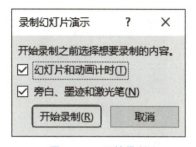

图 3-135　单击"排练计时"按钮　　　　图 3-136　开始录制

（3）进入录制状态，在窗口左上角出现"录制"工具栏，如图 3-137 所示。单击"下一项"按钮可进入下一张幻灯片，单击"暂停录制"按钮可暂停录制，按 Esc 键或单击右上角的"关闭"按钮可退出录制。

（4）返回幻灯片浏览视图，每张幻灯片右下角会出现一个喇叭图标，表示添加了旁白，如图 3-138 所示。

图 3-137　"录制"工具栏　　　　　　图 3-138　喇叭图标

> 🔊 **提示**
>
> 　在"幻灯片放映"｜"设置"组中单击"隐藏幻灯片"按钮，可隐藏幻灯片，再次单击该按钮便可将其重新显示；在需要隐藏的幻灯片上右击，在弹出的快捷菜单中选择"隐藏幻灯片"命令也可隐藏幻灯片，再次选择该命令可将其重新显示。

四、设置排练计时

通过排练计时可以使演示文稿自动按照设置好的时间和顺序进行播放。对演示文稿设置排练计时的具体操作步骤如下。

（1）在"幻灯片放映"｜"设置"组中单击"排练计时"按钮，如图 3-139 所示。

（2）进入放映排练状态，在窗口左上角打开"录制"工具栏，在其中可设置计时，如图 3-140 所示。

图 3-139　单击"排练计时"按钮

图 3-140　设置幻灯片计时

（3）单击"下一项"按钮，进入下一张幻灯片的计时，在"录制"工具栏最后会显示总计时，如图 3-141 所示。

（4）单击"录制"工具栏右上角的"关闭"按钮或按 Esc 键，打开提示对话框确认是否保留排练计时，单击"是"按钮完成排练计时操作，如图 3-142 所示。

图 3-141　显示总计划

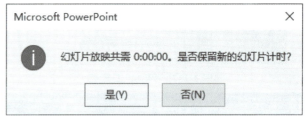

图 3-142　完成排练计时

五、放映幻灯片

对幻灯片进行放映设置后，就可以放映幻灯片了，在放映过程中还可以对幻灯片进行标记和定位等控制操作。

（1）在"幻灯片放映"｜"开始放映幻灯片"组中单击"从头开始"按钮或按 F5 键，将从第 1 张幻灯片开始放映，如图 3-143 所示。

（2）在放映的过程中，单击左下方的"下一项"按钮可切换到下一张幻灯片，如图 3-144 所示，也可右击幻灯片，在弹出的快捷菜单中选择"下一张"选项。

> **◁) 提示**
>
> 　　在"幻灯片放映"｜"开始放映幻灯片"组中单击"从当前幻灯片开始"按钮或按 Shift＋F5 组合键，将从当前选择的幻灯片开始放映；单击状态栏上的"放映幻灯片"按钮，也可从当前幻灯片开始放映。按 Page Up 键、按←键或按 Backspace 键可切换到上一张幻灯片；单击鼠标左键、按空格键、按 Enter 键或按→键可切换到下一张幻灯片。

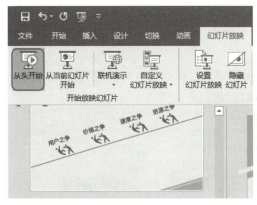

图 3-143　单击"从头开始"按钮　　　　　图 3-144　切换到下一张幻灯片

（3）右击幻灯片，在弹出的快捷菜单中选择"指针选项"命令，在弹出的级联菜单中选择"笔"选项，如图 3-145 所示。

（4）在幻灯片上按住鼠标左键，像使用画笔一样在需要着重指出的位置进行拖动，即可标记重点内容，如图 3-146 所示。

图 3-145　选择"笔"选项　　　　　　　图 3-146　添加标记

（5）右击幻灯片，在弹出的快捷菜单中选择"指针选项"｜"橡皮擦"选项，此时鼠标指针变为橡皮擦形状，在标记上单击即可擦除该标记，如图 3-147 所示。

（6）要结束放映可按 Esc 键，或右击弹出的快捷菜单，选择"结束放映"命令，如图 3-148 所示。

图 3-147　擦除标记　　　　　　　　　图 3-148　结束放映

🔊 提示

在幻灯片母版状态下，通过设置自动换片时间也可以实现演示文稿的自动播放。

六、插入超链接和动作按钮

PowerPoint 提供了超链接和动作按钮，可以在放映演示文稿时，快速切换幻灯片，控制幻灯片的上下翻页，控制幻灯片中的视频、音频等元素。使用超链接和动作按钮，可以让演示文稿的放映更加顺利、流畅。

（1）选中第 2 张幻灯片，再选中幻灯片中的文本框并右击，在弹出的快捷菜单中选择"超链接"命令，如图 3-149 所示。

（2）打开"插入超链接"对话框，在"链接到"列表框中选择"本文档中的位置"选项，在"请选择文档中的位置"列表框中选择"9. 幻灯片 9"选项，单击"确定"按钮，如图 3-150 所示。

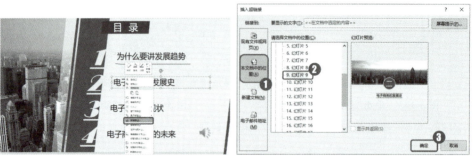

图 3-149　选择"超链接"命令　　　　　　　　图 3-150　选择幻灯片

（3）放映幻灯片，将鼠标移到设置超链接的文本框上，鼠标指针变为手指形状，如图 3-151 所示。

（4）在设置超链接的文本框上左击，即可链接到第 9 张幻灯片，如图 3-152 所示。

图 3-151　鼠标指针变为手指形状　　　　　　图 3-152　链接到第 9 张幻灯片

（5）选中第 2 张幻灯片，在"插入"｜"插图"组中单击"形状"按钮，在打开的下拉列表的"动作按钮"栏中选择"动作按钮：后退或前一页"选项，如图 3-153 所示。

（6）在幻灯片中拖动鼠标，即可绘制一个动作按钮，并打开"操作设置"对话框的"单击鼠标"选项卡。选中"超链接到"单选按钮，在下方的下拉列表框中选择"上一张幻灯片"选项，单击"确定"按钮，如图 3-154 所示。

图 3-153　选择动作形状　　　　　　　　　　图 3-154　设置超链接

(7)放映幻灯片，单击设置的"动作按钮：后退或前一页"按钮，即可跳转到上一张幻灯片，如图 3-155所示。

图 3-155 跳转到上一张幻灯片

📢 提示

设置动作按钮时，也可以在"操作设置"对话框中设置播放声音。选中动作按钮，可为其设置形状颜色填充、轮廓、样式和效果等。

七、将演示文稿转换为 PDF 文档

在 PowerPoint 中可以将制作的演示文稿保存为 PDF 文档，以便查看。将演示文稿保存为 PDF 文件的具体操作步骤如下。

(1)单击"文件"按钮，在打开的界面左侧选择"另存为"命令，然后在"另存为"界面中选择"浏览"选项，如图 3-156 所示。

(2)打开"另存为"对话框，选择保存位置和名称后，在"保存类型"下拉列表框中选择"PDF(＊.pdf)"选项，单击"保存"按钮，如图 3-157 所示。

图 3-156 "另存为"界面

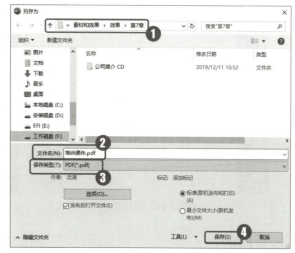

图 3-157 设置保存格式

(3)设置后将弹出提示对话框，显示发布进度。完成后，如果计算机中安装有 PDF 软件，将会自动打开已保存的 PDF 文档，如图 3-158 所示。

图 3-158　打开 PDF 文档

八、打印幻灯片

　　幻灯片制作完成后，用户可以根据实际需要以不同的颜色（如彩色、灰度或黑白）打印整个演示文稿，其具体操作步骤如下。

　　(1)单击"文件"按钮，在打开的界面中选择"打印"命令，预览幻灯片，如图 3-159 所示。

　　(2)在"打印"界面的"设置"栏中设置每页 2 张幻灯片，如图3-160所示，单击"打印"按钮即可打印幻灯片。

图 3-159　打印预览　　　　　　　　　图 3-160　打印幻灯片

📝 必备知识

一、幻灯片放映

　　在制作好演示文稿后，需要对幻灯片进行放映操作，将幻灯片的内容呈现给观众。

1. 幻灯片放映方式

　　在 PowerPoint 中直接播放展示演示文稿是最常用的方法，包括从当前幻灯片开始放映、从第 1

张幻灯片开始放映和自定义幻灯片放映三种情况。

（1）从当前幻灯片开始放映。选择幻灯片，在"幻灯片放映"｜"开始放映幻灯片"组中单击"从当前幻灯片开始"按钮即可。

（2）从第1张幻灯片开始放映。在"幻灯片放映"｜"开始放映幻灯片"组中单击"从头开始"按钮即可。

（3）自定义幻灯片放映。在"幻灯片放映"｜"开始放映幻灯片"组中单击"自定义幻灯片放映"按钮，打开"自定义放映"对话框。根据不同的需要，用户可以在该对话框中选择放映该演示文稿的不同部分，以便针对目标观众群体定制最合适的演示文稿放映方案。

2. 设置放映类型

在 PowerPoint 中设置放映方式时有三种放映类型，下面分别进行介绍。

（1）演讲者放映（全屏幕）。该类型是一种传统的全屏放映方式，主要用于演讲者亲自播放演示文稿。在这种方式下，演讲者具有完全的控制权，可以使用鼠标逐个单击放映，也可以自动放映，同时还可以进行暂停、回放、录制旁白以及添加内容等操作。

（2）观众自行浏览（窗口）。该类型适用于小规模的演示。例如，个人通过公司的网络进行预览等。在这种方式下，演示文稿在标准窗口中进行放映，并且可以提供相应的操作命令，允许用户移动、编辑、复制和打印幻灯片。

（3）在展台浏览（全屏幕）。该类型是一种自动运行全屏幕循环放映的方式，放映结束5分钟之内，如果用户没有指令则重新放映。在这种方式下，演示文稿通常会自动放映，并且大多数的控制命令都不可以使用，只能使用 Esc 键终止幻灯片的放映。

单击"幻灯片放映"选项卡，在"设置"组中，单击"设置幻灯片放映"按钮，打开"设置放映方式"对话框，在"放映类型"选项组中选中需要的类型，单击"确定"按钮，即可设置放映类型，如图 3-161 所示。

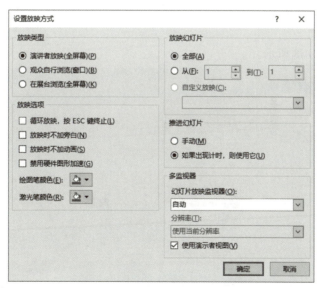

图 3-161 "设置放映方式"对话框

二、幻灯片打印

在完成演示文稿的制作后，演示文稿也可以像 Word 文档那样通过打印机打印出来。打印演示文稿是指将制作完成的演示文稿按照要求通过打印设备输出并呈现在纸上。单击"文件"按钮，进入"文件"界面，选择"打印"命令，进入"打印"界面，如图 3-162 所示。在"打印"界面中可以对幻灯片的打印范围、打印颜色、打印份数等参数进行设置。

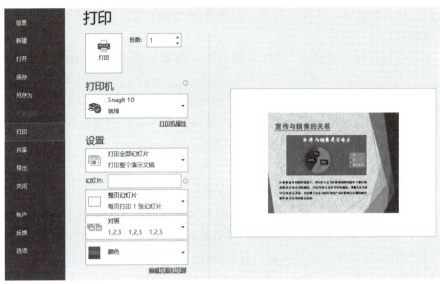

图 3-162 设置打印参数

训练任务

在素材文件夹中打开一个演示文稿，在打开的演示文稿中添加动作按钮和超链接，然后对幻灯片进行放映与打印操作。

具体操作要求如下。

(1)打开一个名为"管理培训.pptx"的演示文稿。

(2)在幻灯片中添加动作按钮。

(3)在幻灯片中添加超链接。

(4)放映与打印幻灯片。

演示文稿效果如图 3-163 所示。

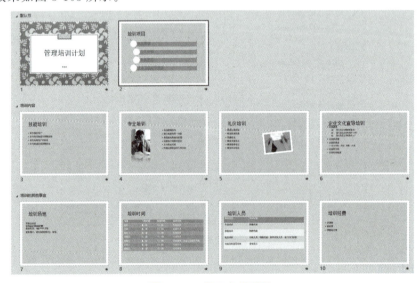

图 3-163 演示文稿效果

思政园地

数学家华罗庚

他是中国最伟大的数学家之一，中国解析数论、矩阵几何学、典型群、自安函数论等多方面研究的创始人和开拓者，被列为芝加哥科学技术博物馆中当今世界88位数学伟人之一，他就是"中国现代数学之父"、中国科学院院士华罗庚。

华罗庚于1910年出生于江苏金坛，从小就酷爱学习，肯下苦功又善动脑筋。1928年，因家境贫寒被迫辍学的华罗庚在数学老师王维克的推荐下，到金坛中学担任文员。然而不幸的是，他在次年患上了伤寒症，卧床近半年，落下左腿终身残疾，走路要左腿先画一个大圆圈，右腿再迈上一小步。对于这种奇特而费力的步履，乐观的他曾幽默地戏称为"圆与切线的运动"。有一次，他发现苏家驹教授关于五次代数方程求解的一篇论文中有误，一个十二阶行列式的值算得不对，于是他把自己的计算结果和看法写成题为《苏家驹之代数的五次方程式解法不能成立的理由》的文章，投寄给上海《科学》杂志社。1930年，此文在《科学》杂志上发表，当时华罗庚年仅20岁。就是这篇论文，完全改变了华罗庚的人生命运。

当时正在清华大学担任数学系主任的熊庆来看到了这篇论文后，大为赞赏。到处打听华罗庚是哪所大学的教授，大家都说不知道。碰巧数学系有位名叫唐培经的教员知道华罗庚这个人，他说华罗庚并不是什么大学教授，而只是一个自学青年。熊庆来爱才心切，并不在乎学历，当即托唐培经邀请华罗庚来清华大学工作。1931年，唐培经拿着华罗庚寄来的照片到北京前门火车站去接由金坛北上的华罗庚。华罗庚，这位未来的大数学家，当时就是这样挂着拐杖、拖着残腿走进了清华园。起初，他在数学系当助理员，负责保管图书资料、收发信函兼打字。华罗庚一边工作，一边自学，只用一年时间就学完了大学数学系的全部课程。熊庆来对这位年轻人十分器重，有时碰到了复杂的计算也会大声喊道："华罗庚，过来帮我算算这道题！"两年后，华罗庚被破格提升为助教，继而升为讲师。

1936年，经熊庆来教授推荐，26岁的华罗庚前往英国，留学剑桥。声名显赫的数学家哈代早就听说华罗庚很有才气，承诺他可以在两年之内获得博士学位，可华罗庚却说："我不想获得博士学位，我只要求做一个访问者。我来剑桥是求学问的，不是为了学位。"两年中，他集中精力研究堆垒素数论，并就华林问题、他利问题与奇数哥德巴赫问题等发表18篇论文，得出了著名的"华氏定理"，向全世界显示了中国数学家出众的智慧与能力。

中华人民共和国成立后不久，华罗庚毅然决定放弃在美国的优厚待遇，回到祖国的怀抱。归途中，他曾写了一封致留美学生的公开信，其中说："为了抉择真理，我们应当回去；为了国家民族，我们应当回去；为了服务人民，我们应当回去；就是为了个人出路，也应当早日回去，建立我们工作的基础，投身我国数学科学研究事业。为我们伟大祖国的建设和发展而奋斗。"华罗庚进行应用数学的研究，足迹遍布全国，用数学解决了大量生产中的实际问题，被称为"人民的数学家"。他的论文《典型域上的多元复变函数论》获得国家自然科学一等奖，并先后出版了中、俄、英文版专著；随后相继出版《数论导引》《典型群》等。

在逆境中，他顽强地与命运抗争，他说"我要用健全的头脑，代替不健全的双腿"。凭着这种精神，他终于从一个只有初中毕业文凭的青年成长为一代数学大师。他一生硕果累累，其著作《堆垒素数论》更成为20世纪数学论著的经典。由于青年时代受到过"伯乐"的知遇之恩，华罗庚对于人才的培养格外重视，他发现和培养陈景润的故事更是数学界的一段佳话。

华罗庚先生作为当代自学成才的科学巨匠和誉满中外的著名数学家，一生致力于数学研究和发展，并以科学家的博大胸怀提携后进、培养人才，以高度的历史责任感投身科普和应用数学推广，为数学科学事业的发展做出了卓越贡献，为祖国现代化建设付出了毕生精力。

◾◾ 项目考核 ◾◾

填空题

1. 在启动 PowerPoint 2016 程序后，软件默认打开的是欢迎页面，在打开的页面中会提示用户创建演示文稿，因此用户可以根据需要新建_____的演示文稿，或者通过_____创建演示文稿。

2. 演示文稿是由幻灯片组成的，因此要制作出成功的演示文稿，需要熟悉对幻灯片的操作，包括幻灯片的_____、_____、移动、复制和_____等操作。

3. _____可以使用户看到整个版面中各张幻灯片的主要内容，也可以让用户直接在上面进行排版与编辑。

4. _____控制演示文稿的外观，包括_____、_____、背景、效果，在幻灯片母版上插入的形状或图片等内容会显示在所有幻灯片上。

5. 添加_____是 PowerPoint 2016 中一项强大的文字处理功能，它可以对文字的字形、字号、形状、颜色添加特殊的效果，并且能将文字以图形图片的方式进行编辑。

选择题

1. 在 PowerPoint 编辑状态下，可以进行幻灯片移动和复制操作的视图方式为（　　）。

A. 幻灯片　　　　B. 幻灯片放映　　　　C. 幻灯片浏览　　　　D. 备注页

2. PowerPoint 中不可创建演示文稿的方法是（　　）。

A. 空白模板　　　B. 制作模板　　　　C. 内容模板　　　　D. 设计模板

3. 在幻灯片中须插入图片对象，（　　）不能保持原图片的比例。

A. 按住 Ctrl 键拖动图片拐角上的控制点

B. 按住 Shift 键拖动图片拐角上的控制点

C. 在设置图片格式对话框的大小选项卡中，调整高和宽的百分比相同

D. 在设置图片格式对话框的大小选项卡中，选择锁定纵横比选项

4. PowerPoint 2016 中的（　　）可有多页幻灯片。

A. 设计模板　　　B. 制作模板　　　　C. 内容模板　　　　D. 大纲模板

操作题

1. 制作"营销计划"演示文稿。

2. 制作"就业工作汇报"演示文稿。

项目四

信息检索

▶▶▶▶ 项目导读

　　信息检索是人们查询和获取信息的主要方式，是查找信息的方法和手段，是信息化时代人们需要具备的基本信息素养之一。在进行信息检索时，应掌握以下知识点。

　　(1)了解信息检索的相关概念及分类。

　　(2)熟悉信息检索的流程。

　　(3)掌握搜索引擎的查阅功能。

　　(4)了解图书、电子图书、期刊文献等检索平台。

　　掌握网络信息的高效检索方法，是现代信息社会对高素质技术技能人才的基本要求。本项目包含信息检索基础知识、搜索引擎使用技巧、专用平台信息检索等内容。

任务一　了解信息检索

当今社会是一个高度信息化的社会，人们每天各项活动的开展，如工作、学习、生活等都离不开大量信息的支持。由此可见，学会信息检索是保证各项活动顺利开展的前提。但在学习信息检索之前，要先了解信息检索的基础知识。

任务描述

本任务能使读者了解信息检索的相关概念、分类和发展历程，熟悉信息检索的流程。

任务解析

(1)了解信息检索的相关概念及其分类。

(2)了解信息检索的发展历程。

(3)熟悉信息检索的流程。

必备知识

一、数据与信息

1. 数据

数据就是数值，也就是我们通过观察、实验或计算得出的结果，是对客观事物的符号表示。数据包含数值数据和非数值数据(文字、语言、图形、图像等)，数据是信息的载体。

2. 信息

数据是基本原料，信息是有规律的数据。信息是数据经过加工处理后得到的另一种形式的数据，这种数据在某种程度上会影响接收者的行为，它是对各种事物变化和特征的反映，是事物之间相互作用、相互联系的表征。

信息可以是新闻报道、商品广告，也可以是点头、摆手、说、唱等动作。人们的一举一动都在传递信息。计算机科学中的信息通常被认为是能够用计算机处理的有意义的内容或消息，它们以数据的形式出现，如数值、文字、语言、图形、图像等。

二、信息检索的概念和分类

1. 信息检索的概念

广义的信息检索全称为信息存储与检索，是指将信息按一定的方式组织和存储起来，并根据用户的需要找出相关信息的过程。

狭义的信息检索为"信息存储与检索"的后半部分，常称为"信息查找"或"信息搜索"，是指从信息资源的集合中查找所需文献或查找所需文献中包含的信息内容的过程。狭义的信息检索包括 3 个方面的内容：了解用户的信息需求；信息检索的技术或方法；满足信息用户的需求。

2. 信息检索的分类

(1)按存储与检索对象划分，信息检索可以分为文献检索、数据检索和事实检索。

①文献检索。文献检索是指根据学习和工作的需要获取文献的过程。近代认为文献是指具有历史价值的文章和图书或与某一学科有关的重要图书资料，但随着现代网络技术的发展，文献检索更多是

通过计算机技术来完成的。

②数据检索。数据检索是指把数据库中存储的数据根据用户的需求提取出来。数据检索的结果会生成一个数据表，既可以放回数据库，也可以作为进一步处理的对象。

③事实检索。广义的事实检索既包括数值数据的检索、算术运算、比较和数学推导，也包括非数值数据(如事实、概念、思想、知识等)的检索、比较、演绎和逻辑推理。

以上3种信息检索类型的主要区别在于：数据检索和事实检索是要检索出包含在文献中的信息本身，而文献检索则检索出包含所需要信息的文献即可。

(2)按存储与检索的技术划分，信息检索可以分为手工检索和计算机检索。

①手工检索。手工检索是一种传统的检索方法，是以手工翻检的方式，利用工具书(包括图书、期刊、目录卡片等)来检索信息的一种检索手段。手工检索不需要特殊的设备，用户根据所检索的对象，利用相关的检索工具就可以进行。手工检索的方法比较简单、灵活，容易掌握。但是手工检索费时、费力，特别是进行专题检索和回溯性检索时，需要翻检大量的检索工具反复查询，花费大量的人力和时间，而且很容易出现误检和漏检。

②计算机检索。计算机检索是以计算机技术为手段，利用计算机系统有效存储和快速查找的能力发展起来的一种计算机应用技术。计算机检索已经从单机检索发展到联网检索。现在人们所熟知的网络信息搜索，是指互联网用户在网络终端，通过特定的网络搜索工具或通过浏览的方式，在网络上查找并获取信息的行为。

三、信息检索的发展历程

计算机技术的发展改变了人类的生活，同时也促进了信息检索技术的发展。信息检索主要经历了手工检索和计算机检索两个大的阶段。

1. 手工检索阶段

手工检索阶段是指通过印刷型的检索工具来进行检索的阶段。这一阶段主要存在书本式和卡片式两种检索工具。

(1)书本式检索工具。书本式检索工具是以图书、期刊、附录等形式出版的各种检索工具书，如各种目录、索引、百科全书、年鉴等。

(2)卡片式检索工具。卡片式检索工具就是可以帮助检索的各类卡片，如图书馆的各种卡片目录等。

2. 计算机检索阶段

随着社会的进步和发展，各种信息呈爆炸式增长，手工检索已经无法满足日益增长的信息检索需求；同时，计算机技术、网络技术及数据传输技术也在飞速发展，为计算机检索提供了技术保障，信息检索从此迈入了计算机检索阶段。计算机检索经历了脱机批处理阶段、联机检索阶段、光盘检索阶段和互联网检索阶段4个阶段。

(1)脱机批处理阶段。在这个阶段，计算机还没有连接网络，也没有远程终端，主要是利用计算机对各种期刊中的文献进行检索。检索方式是脱机批处理，即用户不直接接触计算机，而是向计算机操作人员提出具体问题和要求，由计算机操作人员对问题进行分析后编写相应的检索方式程序，然后定期对新到的文献进行批量检索，最后将检索结果返回给用户。

(2)联机检索阶段。在这个阶段，计算机的软硬件、数据库管理和网络通信技术都有所发展。这些技术的发展推动计算机信息检索进入联机检索阶段。在这个阶段，用户可以直接进行检索操作，即使是多个用户，也可以同时进行远程实时检索。

(3)光盘检索阶段。在这个阶段，光盘在信息检索中得到了广泛的应用，大量的以光盘为载体的数据库和电子出版物不断涌现。同时，为了满足多用户同时检索的需求，光盘检索系统还发展出了复合式光盘驱动器、自动换盘机及光盘网络等技术，从而实现了对同一个数据库多张光盘同时进行检索的功能。

（4）互联网检索阶段。在这个阶段，形成了多种信息检索方式。其中主要有两大类，一类是搜索引擎，可以从海量的网页中自动收集信息，以供用户进行检索，这是目前互联网检索的核心和主要方式；另一类是传统的联机检索企业提供的互联网检索服务，联机检索企业将自己的数据库安装到互联网的服务器上，使其成为互联网的组成部分，由此将自己的服务区域从原来的有限范围扩展到全世界。这些企业提供的信息通常是某个领域的专业信息，并且往往只能检索该企业的数据库或该企业的合作企业的数据库中的信息。

四、信息检索的流程

一般来说，信息检索流程包括分析问题、选择检索工具、确定检索词、构建检索提问式、调整检索策略、输出检索结果。

（1）分析问题。分析要检索内容的特点和类型（如文献类型、出版类型），以及所涉及的学科范围、主题要求等。

（2）选择检索工具。根据检索的信息类型、时间范围、检索经费等因素，经过综合考虑后，选择合适的检索工具。正确选择检索工具是保证检索成功的基础。

（3）确定检索词。检索词是计算机检索系统中进行信息匹配的基本单元。检索词会直接影响最终的检索结果。常用的确定检索词的方法有选用专业术语、选用同义词与相关词等。

（4）构建检索提问式。检索提问式是在计算机信息检索中用来表达用户检索内容的逻辑表达式，由检索词和各种布尔逻辑算符、截词符、位置算符组成。检索提问式直接影响信息检索的查全率和查准率。

> **提示**
>
> 截词符是用于截断一个检索词的符号，它是预防漏检、提高查全率的一种检索符号。不同的检索系统使用的截词符有所不同，通常有"＊""?"" #""$"。位置算符是用来规定符号两边的词出现在文献中的位置的逻辑运算符，它主要用于表示词与词之间的相互关系和前后次序，常见的位置算符有 W 算符、N 算符、S 算符等。

（5）调整检索策略。检索时，用户要及时分析检索结果，若发现检索结果与检索要求不一致，则要根据检索结果对检索提问式做出相应的修改和调整，直至得到满意的检索结果为止。

（6）输出检索结果。根据检索系统提供的检索结果输出格式，用户可以选择需要的记录及相应的字段，将检索结果存储到磁盘中或直接打印输出。

训练任务

你在互联网上检索过哪些类型的数据？使用的是什么检索工具？请将具体内容填入表 4-1 中。

表 4-1　检索对象与工具整理

检索对象	检索方法
概念、术语	
书籍	
热点视频	
时事新闻	
音乐	

任务二　搜索引擎的使用

搜索引擎是信息检索技术的实际应用。通过搜索引擎，用户可以在海量信息中获取有用的信息。

 **任务描述**

本任务通过搜索引擎进行信息检索，使读者学会使用搜索引擎检索信息的相关操作。

任务解析

(1)掌握搜索引擎的基本查询功能。
(2)掌握搜索引擎的高级查询功能。

任务实现

一、搜索引擎的基本查询功能

搜索引擎的基本查询方法是直接在搜索框中输入搜索关键词进行查询。下面在百度中搜索一周内发布的包含"人工智能"关键词的 PowerPoint 文件，具体操作如下。

(1)启动浏览器，在地址栏中输入百度的网址后，按 Enter 键进入百度首页，然后在中间的搜索框中输入要查询的关键词"人工智能"，最后按 Enter 键或单击"百度一下"按钮。

(2)打开搜索结果页面，单击搜索框下方的"搜索工具"选项，如图 4-1 所示。

图 4-1　单击"搜索工具"选项

(3)显示出搜索工具，单击"站点内检索"选项，在打开的搜索文本框中输入百度的网址，然后单击"确认"按钮，返回百度网站中的搜索结果页面，如图 4-2 所示。

图 4-2　站点内检索

（4）在搜索工具中单击"所有网页和文件"选项，在打开的下拉列表中选择"微软 PowerPoint（.ppt）"选项，搜索结果页面中将只显示搜索到的 PowerPoint 文件，如图 4-3 所示。

图 4-3　仅搜索 PowerPoint 文件

（5）在搜索工具中单击"时间不限"选项，在打开的下拉列表中选择"一周内"选项，最终搜索结果为百度网站中一周内发布的包含"人工智能"关键词的所有 PowerPoint 文档，如图 4-4 所示。

图 4-4　限制发布时间

📖 二、搜索引擎的高级查询功能

使用搜索引擎的高级查询功能可以在搜索时实现包含完整关键词、包含任意关键词和不包含某些关键词等搜索。下面使用百度的高级查询功能进行搜索，具体操作如下。

（1）打开百度首页，将鼠标指针移至右上角的"设置"选项上，在打开的下拉列表中选择"高级搜索"选项。

（2）打开"高级搜索"对话框，在"包含全部关键词"文本框中输入"中国　北京"，要求查询结果页面中要同时包含"中国"和"北京"两个关键词；在"包含完整关键词"文本框中输入"ChatGPT"，要求查询结果页面中要包含"ChatGPT"完整关键词，即关键词不会被拆分；在"包含任意关键词"文本框中输入"百度　腾讯"，要求查询结果页面中要包含"百度"或"腾讯"关键词；在"不包括关键词"文本框中输入"OpenAI 微软"，要求查询结果页面中不包含"OpenAI"和"微软"关键词，如图 4-5 所示。

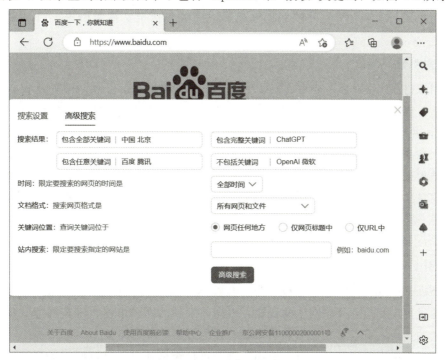

图 4-5　百度高级搜索

（3）单击"高级搜索"按钮，完成搜索，结果如图 4-6 所示。

图 4-6　高级搜索结果

📖 **必备知识**

🍎 **一、搜索引擎的定义与分类**

搜索引擎是根据一定的策略、运用特定的计算机程序从互联网上采集信息，并对信息进行组织和处理后，为用户提供检索服务的一个系统。使用搜索引擎是目前进行信息检索的常用方式。随着搜索引擎技术的不断发展，搜索引擎的种类也越来越多，主要包括全文搜索引擎、目录索引、元搜索引擎等。

1. 全文搜索引擎

全文搜索引擎（Full Text Search Engine）是目前广泛应用的搜索引擎，国外比较有代表性的全文搜索引擎是谷歌，国内则是百度和 360 搜索。这些全文搜索引擎从互联网中提取各个网站的信息（以网页文字为主），并建立起数据库，用户在使用它们进行检索时，在数据库中检索出与用户查询条件相匹配的记录，按一定的排列顺序将结果返回给用户。

根据搜索结果来源的不同，全文搜索引擎又可以分为两类：一类是拥有自己的蜘蛛程序的搜索引擎，它能够建立自己的网页、自己的数据库，也能够直接从其数据库中调用搜索结果，如谷歌、百度和 360 搜索；另一类则是租用其他搜索引擎的数据库，然后按照自己的规则和格式来排列和显示搜索结果的搜索引擎，如 Lycos。

2. 目录索引

目录索引（Search Index/Directory）也称为分类检索，是互联网上最早提供的网站资源查询服务。目录索引主要通过搜集和整理互联网中的资源，根据搜索到的网页内容，将其网址分配到相关分类主题目录不同层次的类目之下，形成像图书馆目录一样的分类树型结构。

用户在目录索引中查找网站时，可以使用关键词进行查询，也可以按照相关目录逐级查询。但需要注意的是，使用目录索引进行检索时，只能够按照网站的名称、网址、简介等内容进行查询，所以目录索引的查询结果只是网站的 URL，而不是具体的网站页面。国内的搜狐目录、hao123，以及国外的 Dmoz 等都是目录索引。

3. 元搜索引擎

元搜索引擎（Meta Search Engine）在接受用户查询请求后会同时在多个搜索引擎上进行搜索，并将结果返回给用户。著名的元搜索引擎有 InfoSpace、Dogpile、Vivisimo 等。在搜索结果排列方面，有的元搜索引擎直接按来源排列搜索结果，如 Dogpile；有的元搜索引擎则按自定的规则将结果重新排列组合，如 Vivisimo。

🍎 **二、常见搜索引擎**

1. 百度搜索

百度搜索是一家家喻户晓的中文搜索网站，它属于全文搜索引擎和综合类搜索引擎，也是全球最大的中文搜索引擎。下面介绍百度搜索的搜索技巧。

（1）""——精确匹配。

如果给查询词加上双引号，就可以达到不拆分的效果。例如，"网络零售"的搜索结果中，"网络零售"4 个字是不分开的。

（2）——消除无关性。

逻辑"非"的操作，用于删除某些无关网页，语法是"A－B"。例如，要搜索关于"电子商务"，但不含"百度百科"的资料，可使用"电子商务 −百度百科"进行查询。注意，前一个关键词，和减号之间必须有空格。

（3）｜——并行搜索。

逻辑"或"的操作，使用"A｜B"来搜索或者包含关键词"A"，或者包含关键词"B"的网页。

（4）intitle——把搜索范围限定在网页标题中。

网页标题通常是网页内容的主题归纳。把查询内容范围限定在网页标题中，就会得到和输入的关键词匹配度更高的检索结果。其搜索格式为"intitle：关键词"，如"intitle：电子商务"。注意，"intitle："和后面的关键词之间无空格。

（5）site——把搜索范围限定在特定网站中。

有时候，如果知道某个网站中有自己需要找的信息，就可以把搜索范围限定在这个网站中，以提高查询效率。其搜索格式为"site：网站域名"，如"site：sina. com. cn"。注意，"site："后面跟的网站域名不要带"http：//"；另外，"site："和网站域名之间不要带空格。

（6）inurl——把搜索范围限定在 URL 链接中。

网页 URL 中的某些信息，常常有某种特殊的含义。如果希望获得更加匹配的检索结果，可以在"inurl："前面或后面写上需要在 URL 中出现的关键词，对搜索结果给出某种限定。例如，Photoshop inurl：jiqiao""可以查找关于 Photoshop 的使用技巧。查询串中的"Photoshop"可以出现在网页的任何位置，而"jiqiao"必须出现在网页 URL 中。注意，"inurl："和后面所跟的关键词之间不要有空格。

（7）filetype——特定格式的文档检索。

百度以"filetype："来对搜索对象做限制，冒号后是文档格式，如 PDF、DOC、XLS 等。以此格式进行检索其实就是转到了百度文库，如"经济信息学 filetype：PDF"。

（8）《》——精确匹配/电影或小说。

在百度中，中文书名号是可被查询的。加上书名号的查询词有两层特殊功能，一是书名号会出现在搜索结果中；二是被书名号括起来的内容不会被拆分。例如，查电影"地球"，如果不加书名号，则搜索出来的结果是地球的相关知识，而加上书名号后，"《地球》"的搜索结果主要是《地球》杂志、电影等。

2. 360 搜索

2012 年 8 月 16 日，北京奇虎科技有限公司推出搜索引擎服务——360 搜索网站，它整合了谷歌搜索、百度搜索和必应搜索，并允许用户实现平台间的快速切换。360 搜索实际上是提供一站式的实用工具综合查询入口，按技术来讲，它属于元搜索引擎。

3. 必应搜索

必应（Bing）是微软公司于 2009 年 5 月 28 日推出、用以取代 Live Search 的全新搜索引擎。为符合中国用户的使用习惯，Bing 中文品牌名为"必应"。必应搜索改变了传统搜索引擎首页单调的风格，通过将来自世界各地的高质量图片设置为首页背景，并加上与图片紧密相关的热点搜索提示，使用户在访问必应搜索的同时获得愉悦体验和丰富资讯。

4. 花漾搜索

花漾搜索是中国搜索信息科技股份有限公司 2019 年推出的中国第一款专为青少年定制的搜索引擎 App。花漾搜索主要功能如下。

（1）阻断暴力、色情、赌博等不良信息。

（2）应用人工智能技术筛选屏蔽涉及青少年的不良信息，基于大数据和深度学习技术研发的"主流算法"，适应分众化、差异化传播格局。

（3）推出智能机器人全程陪伴式搜索，可一键搜索全网适龄内容，随时随地答疑解惑。根据青少年年龄、性别、兴趣的不同，花漾搜索也可以智能推荐精品课堂、趣味视频、动画动漫、运动才艺等多个领域的优质内容。此外，花漾搜索还通过提供智能工具、管理阅读时长来保护青少年视力，并通过推出家长、教师标注工具，为青少年提供个性化内容过滤。

🍎 三、检索方法

1. 布尔逻辑检索

布尔逻辑检索是指利用布尔逻辑运算符(与、或、非)连接各个检索词，构成一个逻辑检索式，然后由计算机进行相应的逻辑运算，以找出所需信息的方法。

(1)逻辑"与"。

逻辑"与"用"AND"或"＊"表示，用来表示其所连接的两个检索项的交叉部分，即交集部分。检索式为 A AND B(或 A ＊ B)，表示让系统检索同时包含检索词 A 和检索词 B 的信息。

(2)逻辑"或"。

逻辑"或"用"OR"或"＋"表示，用于连接并列关系的检索词。检索式为 A OR B(或 A＋B)，表示让系统查找含有检索词 A、B 之一，或同时包括检索词 A 和检索词 B 的信息。

(3)逻辑"非"。

逻辑"非"用"NOT"或"－"号表示，用于连接排除关系的检索词。检索式为 A NOT B(或 A－B)，表示检索含有检索词 A 而不含检索词 B 的信息，即将包含检索词 B 的信息排除掉。

2. 截词检索

截词检索就是用截断的词的一个局部进行的检索，并认为只要满足这个词局部中的所有字符(串)的文献，都为命中的文献。截词检索是预防漏检，提高查全率的一种常用检索技术，大多数系统具有截词检索的功能。

在一般的数据库检索中，截词法常有左截、右截、中间截断和中间屏蔽 4 种形式。

不同的系统所用的截词符也不同，通常分为有限截词(即一个截词符只代表一个字符，如?)和无限截词(一个截词符可代表多个字符，如＊)。下面以无限截词举例说明。

(1)后截词，前方一致。例如，"comput＊"表示 computer、computers、computing 等。

(2)前截词，后方一致。例如，"＊computer"表示 minicomputer、microcomputer 等。

(3)中截词，中间一致。例如，"＊comput＊"表示 minicomputer、microcomputers 等。

3. 位置检索

位置检索也称为邻近检索，它是用一些特定的算符(位置算符)来表达检索词与检索词之间的邻近关系，并且可以不依赖主题词表，直接使用自由词进行检索的方法。

常用的位置算符有"(W)""(nw)""(nN)"等算符。但是在搜索引擎中，提供位置检索的较少。

4. 限制检索与字段检索

字段检索和限制检索常常结合使用，字段检索就是限制检索的一种，因为限制检索往往是对字段的限制。在搜索引擎中，字段检索多表现为限制前缀符的形式。如属于主题字段限制的有：Title、Subject、Keywords、Summary 等；属于非主题字段限制的有：Image、Text 等。搜索引擎提供了许多带有典型网络检索特征的字段限制类型，如主机名、域名、链接、URL、新闻组及邮件限制等。

5. 词组检索

词组检索是将一个词组(通常用双引号引起)当作一个独立的运算单元，进行严格匹配，以提高检索的精度和准确度，它也是一般数据库检索常用的方法。

训练任务

利用百度搜索完成以下检索。

(1)检索出你所学专业的一个人才培养方案，了解其中的专业课程，将相关信息填入下面的空行中。

专业名称：_____

检索词(检索表达式)：_____

人才培养方案地址：_____

专业课程：_____

(2)选择目前你正在学习的一门专业课程，检索该课程的教学大纲及教学课件，将相关信息填入下面的空行中。

课程名称：_____

教学大纲检索词(检索表达式)：_____

教学大纲地址：_____

教学课件检索词(检索表达式)：_____

教学课件地址：_____

任务三　专用平台信息检索

用户在互联网中除了可以利用搜索引擎检索网站中的信息，还可以通过各种专业的网站来检索各类专业信息。

任务描述

本任务介绍各类专业信息检索平台，包括网络课程资源检索、图书检索、电子图书检索、期刊文献检索、专利检索等。

任务解析

(1)熟悉网络课程资源检索平台。

(2)了解图书、电子图书、期刊文献、专利、商标检索平台。

(3)熟悉企业信息与招聘信息、生活信息检索平台。

必备知识

一、网络课程资源检索

1. 网络课程

网络课程是通过互联网来表现课程的教学内容及实施的教学活动，其包括按一定的教学目标、教学策略组织起来的教学内容和网络教学支撑环境。其中，网络教学支撑环境特指支持网络教学的软件工具、教学资源及在网络教学平台上实施的教学活动。网络课程具有交互性、共享性、开放性、协作性和自主性等基本特征。

2. 网易公开课

网易公开课汇集清华大学、北京大学、哈佛大学、耶鲁大学等世界名校的课程，覆盖科学、经济、人文、哲学等领域，如图 4-7 所示。

图 4-7　网易公开课首页

网易公开课里翻译了不少名校、机构的课程，是学习英语和开阔视野的互联网平台，如 TED。TED 是 Technology、Entertainment 和 Design 的首字母缩写，是一家私有非营利机构，该机构以它组织的 TED 大会著称，其宗旨是"用思想的力量来改变世界"。

3. 中国大学 MOOC

MOOC 是 Massive Open Online Course（大规模在线开放课程）的缩写，是一种任何人都能免费注册使用的在线教育模式。

中国大学 MOOC 是由网易与高等教育出版社有限公司携手推出的在线教育平台，承接教育部国家精品开放课程建设任务，向大众提供中国知名高校的 MOOC 课程。在这里，每一个有意愿提升自己的人都可以免费获得更优质的高等教育服务，如图 4-8 所示。

图 4-8　中国大学 MOOC 首页

二、图书检索

1. 图书与图书检索

图书，是以传播文化为目的，用文字或其他信息符号记录于一定形式的材料之上的著作。图书是人类思想的产物，是一种特定的不断发展的知识传播工具。

人类关于自然界、社会及对人类自身认识的知识，都可以记录在图书之中。图书可以帮助人们全面、系统地了解某一特定领域的知识，指引人们进入自己所不熟悉的领域。

纸质图书的查找，可通过图书馆的联机书目查询系统获取。用于图书的检索项主要包括：书名、著者、内容提要、图书分类号、出版社、出版时间、国际标准书号(International Standard Book Number，ISBN)。其中，图书分类号著录的是《中国图书馆分类法》(原称《中国图书馆图书分类法》，简称《中图法》)中的分类号，它是目前国内通用的图书分类标准，于1971年北京图书馆(现中国国家图书馆)等36个单位组成编辑组开始编制，2010年9月出版第5版。《中图法》把图书分成了22个大类，具体如下。

A. 马克思主义、列宁主义、毛泽东思想、邓小平理论　　B. 哲学、宗教

C. 社会科学总论　　D. 政治、法律

E. 军事　　F. 经济

G. 文化、科学、教育、体育　　H. 语言、文字

I. 文学　　J. 艺术

K. 历史、地理　　N. 自然科学总论

O. 数理科学和化学　　P. 天文学、地球科学

Q. 生物科学　　R. 医药、卫生

S. 农业科学　　T. 工业技术

U. 交通运输　　V. 航空、航天

X. 环境科学、安全科学　　Z. 综合性图书

《中图法》已普遍应用于全国各类型的图书馆，国内主要大型书目、检索刊物、机读数据库，以及《中国国家标准书号》等都著录《中图法》分类号。

2. 图书馆举例：广州图书馆

图书馆是搜集、整理、收藏图书资料以供人阅览、参考的机构，具有保存人类文化遗产、开发信息资源、参与社会教育的职能。我国图书馆历史悠久，只是起初并不称作"图书馆"，而是称为府、阁、观、台、殿、院、堂、斋、楼等，如西周的盟府、两汉的石渠阁等。

我国各级政府都有设置图书馆，分别有国家级、省(市)级、市级、区县级、乡镇级、村和社区级等，各级各类学校也设有图书馆。目前，我国著名的图书馆主要有：中国国家图书馆、上海图书馆、中国科学院图书馆、北京大学图书馆、广东省立中山图书馆、广州图书馆等。

广州图书馆作为一家省会级市立图书馆，以其现代化的建筑和舒适的阅读环境，每天引来大量的求知者。它是由广州市政府设立的公益性公共文化机构，面向社会公众免费开放，以纸质文献、音像制品、数字资源等文献信息资源的收集、整理和存储为基础，提供资源借阅与传递、信息咨询、展览讲座、艺术鉴赏、文化展示和数字化网络服务及公众学习、研究、交流服务，开展社会阅读推广活动。

在网络环境下，每个图书馆都有自己的馆藏目录与查询系统，广州图书馆也不例外。图4-9所示的是广州数字图书馆首页。

图 4-9　广州数字图书馆首页

广州数字图书馆提供了题名（书名）、著者、主题、图书分类号、出版社、ISBN 等的检索途径。例如，输入关键词"电子商务"后，可得到如图 4-10 所示的搜索结果界面。然后单击"高级检索"，进入如图 4-11 所示的界面，可以更进一步精确检索。

图 4-10　"电子商务"的搜索结果

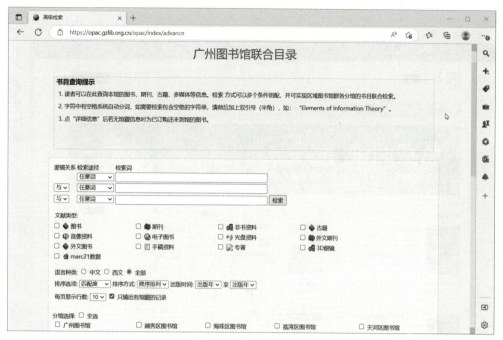

图 4-11　高级检索界面

3. CALIS 联合书目

高等教育文献保障系统(China Academic Library & Information System，CALIS)是教育部投资建设的面向所有高校图书馆的公共服务基础设施，通过构建基于互联网的"共建共享"云服务平台——中国高等教育数字图书馆、制定图书馆协同工作的相关技术标准和协作工作流程、培训图书馆专业馆员、为各成员馆提供各类应用系统等，支撑着高校成员馆间的"文献、数据、设备、软件、知识、人员"等多层次共享，已成为高校图书馆基础业务不可或缺的公共服务基础平台。

三、电子图书检索

1. 电子图书检索的定义

电子图书是指以数字化形式存放、展示的包括文本、图像、音频等格式的图书，它们通过磁盘、光盘、网络等电子媒体出版发行，并需要借助于计算机、手机、iPad 等电子设备进行阅读、下载、保存、传递。电子图书拥有许多与传统书籍相同的特点。

与纸质书相比，电子图书的优点在于：制作方便，不需要大型印刷设备；不占空间；方便在光线较弱的环境下阅读；文字大小颜色可以调节；可以使用外置的语音软件进行朗诵。但缺点在于容易被非法复制，损害原作者利益；长期注视电子屏幕有害视力；有些受技术保护的电子书无法转移给第二个人阅读。

2. 超星数字图书馆

超星数字图书馆成立于 1993 年，是国内专业的数字图书馆解决方案提供商和数字图书资源供应商。超星数字图书馆是国家"863"计划中国数字图书馆示范工程项目，2000 年 1 月，在互联网上正式开通。

超星数字图书馆首页如图 4-12 所示。

图 4-12　超星数字图书馆首页

3. 畅想之星电子书

畅想之星电子书目前仅提供学校（研究机构）或团体单位图书馆使用，须成为畅想之星的采购客户或试用客户之后才可获得使用权。

4. 读秀学术搜索

"读秀"是由海量全文数据及资料基本信息组成的超大型数据库，为用户提供深入图书章节和内容的全文检索，部分文献的原文试读，以及高效查找、获取各种类型学术文献资料等服务，是学术搜索引擎及文献资料服务平台。"读秀"只对单位开放。

四、期刊文献检索

1. 期刊文献及其分类

期刊文献是指刊登在期刊上的论文、综述、通信、书评等类型的资料。期刊一般分为核心期刊和普通期刊两类。

（1）核心期刊是指某学科（专业或专题）所涉及期刊中刊载相关论文较多、能反映本学科最新研究成果及本学科前沿研究状况和发展趋势、得到该学科读者普遍重视的期刊。核心期刊的确立是基于一定的理论基础和科学统计的，不同学科会有不同的核心期刊表。而且核心期刊是一个动态的概念（核心期刊表一般每年或隔几年会有修订，也就是说，某个期刊遴选入这一版核心期刊目录，并不代表其一直是核心期刊，可能下版遴选就不再是核心期刊了）。目前，国内常用的核心期刊表主要有：中文核心期刊（即北大核心）、中文社会科学引文索引（简称南大核心、CSSCI）、中国科技核心期刊（即统计源核心期刊）、中国科学引文数据库（CSCD）。

（2）普通期刊是指核心期刊目录以外的期刊。

2. 世界三大检索系统

（1）科学引文索引（Science Citation Index，SCI）。科学引文索引是由美国科学信息研究所于1961年创办出版的引文数据库，是覆盖了生命科学、临床医学、物理化学、农业、生物、兽医学、工程技术等方面的综合性检索刊物，尤其能反映自然科学研究的学术水平，是目前国际上三大检索系统中最著名的一种，收录范围是当年国际上的重要期刊，尤其是它的引文索引表现出独特的科学参考价值，在学术界占有重要地位。许多国家和地区均以被 SCI 收录及引证的论文情况作为评价学术水平的一个重要指标。

（2）工程索引（Engineering Index，EI）。工程索引由美国工程信息公司于 1884 年创办，是工程技术领域的一个综合性检索工具，主要收录工程技术领域的论文，学科领域包括核技术、生物工程、交通运输、化学和工艺工程、照明和光学技术、农业工程和食品技术、计算机和数据处理、电子和通信、土木工程、材料工程、石油、宇航、汽车工程等。

（3）科学技术会议录索引（Index to Scientific & Technical Proceedings，ISTP）。科学技术会议录索引由美国科学情报研究所编制、科学信息研究所（ISI）出版，创办于 1978 年，专门收录世界各种重要的自然科学及技术方面的会议文献，包括一般性会议、座谈会、研究会、讨论会、发表会等的会议文献，其中工程技术与应用科学类文献约占 35%，其他涉及学科基本与 SCI 相同。

3. 我国三大文献检索网站

（1）中国知网。国家知识基础设施（National Knowledge Infrastructure，NKI）的概念由世界银行《1998 年度世界发展报告》提出。1999 年 3 月，为全面打通知识生产、传播、扩散与利用各环节信息通道，打造支持全国各行业知识创新、学习和应用的交流合作平台为总目标，有关单位提出建设中国知识基础设施工程，并被列为清华大学重点项目。

（2）万方数据知识服务平台。1993 年，万方数据（集团）公司成立。2000 年，在其基础上，由中国科学技术信息研究所联合中国文化产业投资基金、中国科技出版传媒有限公司、北京知金科技投资有限公司、四川省科技信息研究所和科技文献出版社 5 家单位共同发起成立——北京万方数据股份有限公司。

（3）维普资讯。重庆维普资讯有限公司的前身为中国科技情报研究所重庆分所数据库研究中心，是一家进行中文期刊数据库研究的机构。维普资讯数据库研究中心自主研发并推出了《中文科技期刊篇名数据库》，是我国第一个中文期刊文献数据库，也是中国最大的自建中文文献数据库。它的问世标志着我国中文期刊检索在实现计算机自动化方面达到了一个领先的水平，也结束了我国中文科技期刊检索难的历史。

4. 学位论文检索

我国学位论文数据库有中国博士学位论文全文数据库、中国优秀硕士学位论文全文数据库、中国科学院学位论文数据库、国家科技图书文献中心的中文学位论文数据库、CALIS 高校学位论文库、中国科技信息所万方数据集团的中国学位论文全文库、国家图书馆学位论文。

五、专利检索

1. 专利文献

专利文献是记载专利申请、审查、批准过程中所产生的各种有关文件的文件资料。

狭义的专利文献指包括专利请求书、说明书、权利要求书、摘要在内的专利申请说明书和已经批准的专利说明书的文件资料。

广义的专利文献还包括专利公报、专利文摘及各种索引与供检索用的工具书等。专利文献是一种集技术、经济、法律 3 种情报于一体的文件资料。

根据设置的专利种类，专利文献分为发明专利说明书、实用新型专利说明书和外观设计专利说明书三大类。根据其法律性，专利文献可分为专利申请公开说明书和专利授权公告说明书两大类。

专利文献的检索可依以下途径进行：专利性检索、避免侵权的检索、专利状况检索、技术预测检索、具体技术方案检索。

■▎ 2. 国家知识产权局

国家知识产权局是国务院部委管理的国家局，由国家市场监督管理总局管理。它负责保护知识产权工作，推动知识产权保护体系建设，负责商标、专利、原产地地理标志的注册登记和行政裁决，指导商标、专利执法工作等。国家知识产权局官网首页如图 4-13 所示。

图 4-13　国家知识产权局官网

国家知识产权局官网首页中部的政务服务以专利、商标、地理标志、集成电路布图设计顺序排列 4 个版块，如图 4-14 所示。

图 4-14　国家知识产权局官网的政务服务

六、商标检索

世界知识产权组织（World Intellectual Property Organization，WIPO）对商标的定义：商标是将某商品或服务标明是某具体个人或企业所生产或提供的商品或服务的显著标志。

《中华人民共和国商标法（2019 修正）》（以下简称《商标法》）中提到，"任何能够将自然人、法人或者其他组织的商品与他人的商品区别开的标志，包括文字、图形、字母、数字、三维标志、颜色组合和声音等，以及上述要素的组合，均可以作为商标申请注册。"

《商标法》还规定："经商标局核准注册的商标为注册商标，包括商品商标、服务商标和集体商标、证明商标；商标注册人享有商标专用权，受法律保护。"

在国家知识产权局商标局的中国商标网的在线查询中心中，人们可以进行商标申请、商标查询等操作。

七、企业信息与招聘信息检索

去应聘一家企业前，首先要了解企业的背景，了解企业是否是合法企业、是否有不良记录，这时可以通过国家正式的相关网站进行查询了解。

1. 企业信息检索

（1）国家企业信用信息公示系统。

国家企业信用信息公示系统由国家市场监督管理总局主办，系统上公示的信息来自市场监督管理部门、其他政府部门及市场主体。系统提供全国企业、农民专业合作社、个体工商户等市场主体信用信息的填报、公示、查询和异议等功能。国家企业信用信息公示系统如图 4-15 所示。

图 4-15　国家企业信用信息公示系统

（2）信用中国。

"信用中国"网站由国家发展和改革委员会、中国人民银行指导，国家公共信用信息中心主办，是政府褒扬诚信、惩戒失信的窗口，主要承担信用宣传、信息发布等工作，是政府相关单位对社会公开的信用信息窗口。个人信用查询界面如图 4-16 所示。

图 4-16   个人信用查询界面

（3）中国裁判文书网。

中国裁判文书网由中华人民共和国最高人民法院主办，统一公布各级人民法院的生效裁判文书。人们可以借此了解相关企业是否有不良记录。中国裁判文书网如图 4-17 所示。

图 4-17   中国裁判文书网

（4）爱企查。

爱企查是百度旗下企业信息垂直搜索引擎与展示平台，该平台依托百度 AI 和大数据技术，为用户提供企业信息查询服务，如图 4-18 所示。其数据来源于国家企业信用信息公示系统、信用中国、中国裁判文书网、中国执行信息公开网、国家知识产权局商标局、版权局、民政部等。

图 4-18　爱企查首页

2. 招聘信息检索

网络招聘是指通过运用互联网技术手段，帮助企业人事部门完成招聘的过程。企业可以通过公司自己的网站、第三方招聘网站等，来完成招聘过程。

在信息时代的今天，网络招聘的方式已经深入人心，成为大学毕业生和职员求职的首选方式之一，上网找工作已经成为习惯。网络的高速度与巨大的信息量赋予了网络招聘得天独厚的优势。常见的招聘网站有智联招聘、前程无忧、猎聘网等。

八、生活信息检索

1. 生活信息检索

外出旅游前，如果需要预订酒店、预订机票、了解目的地的旅游资讯、了解游客对旅游目的地的感受，了解旅游目的地的景点、历史、美食、文化和现场环境，可以在出发前上相关的网站进行办理或查询。还有一些网站具有多媒体的网页、3D 虚拟的仿真场景、摄像头在线直播的真实现场，可以让用户如亲临其境，其乐无穷。常用的中文旅游网站有马蜂窝、远方网、游多多、携程、酷讯等。

2. 国家政务服务平台

国家政务服务平台由国务院办公厅主办，如图 4-19 所示。

国家政务服务平台是全国政务服务的总枢纽，发挥着公共入口、公共通道、公共支撑的作用，为全国各地区各部门政务服务平台提供统一身份认证、统一证照服务、统一事项服务、统一投诉建议、统一好差评、统一用户服务和统一搜索服务"七个统一"服务，实现支撑一网通办、汇聚数据信息、实现交换共享、强化动态监管四大功能，解决跨地区、跨部门、跨层级政务服务中信息难以共享、业务难以协同、基础支撑不足等突出问题。

图 4-19　国家政务服务平台

 **训练任务**

在网络课程资源检索平台中搜索信息技术课程的相关信息。

思政园地

ACL 终身成就奖获得者：李生

国际计算语言学学会（ACL）代表了计算语言学的最高水平，每年都会在其年会上颁发终身成就奖，奖励在自然语言处理领域做出杰出贡献的科学家，李生是第一位获得此项殊荣的华人。

李生是我国自然语言处理（NLP）领域的泰斗级人物。曾先后主持了 10 余项科研项目，包括原航天工业总公司、"国家高技术研究发展计划"（863 计划）、国家自然科学基金等科研项目获部级科技进步奖 7 项，在国际顶级期刊和会议上发表学术论文 60 余篇。

李生自 1985 年开始研究汉英机器翻译，是我国最早从事该方向研究的学者之一。他带领团队所研制的汉英机器翻译系统 CEMT－I 于 1989 年成为我国第一个通过技术鉴定的汉英机器翻译系统，获部级科技进步二等奖。李生在机器翻译领域深耕多年，在机器翻译技术及其相关的句法、语义分析等自然语言处理方向成就卓著，为机器翻译在我国的发展做出了开拓性贡献。

除了自身的科研成就之外，李生更为我国计算机领域培养了一批成就卓越的青年专家，为我国计算机技术一代又一代的发展贡献了力量。1965 年，李生从哈尔滨工业大学计算机专业毕业并留校任教，此后长期在哈尔滨工业大学工作，从事教育事业 50 多年，共计培养了 42 位博士，百余名硕士，可谓桃李满天下。他们当中的很多人已经成为各行业的优秀人才，有多位毕业生成为所在单位学院的书记、副院长、所长、学术带头人，有些已经担任国际著名 IT 企业的副总裁、合伙人、总经理，成为引领 IT 产业和技术发展的领军人物。

项目考核

填空题

1. 广义的信息检索包括_____和_____两个过程。

2. 根据存储与检索的技术划分，信息检索可以分为_____和_____两种类型。

3. 通过 site 指令可以查询到某个网站被该搜索引擎收录的页面数量，其格式为_____。

4. 互联网中有很多用于检索学术信息的网站，在网站中可以检索各种学术论文。在国内，这类网站主要有_____、_____、_____等。

5. 按照信息搜集方法和服务提供方式的不同，搜索引擎系统可以分为三大类：_____、_____、_____。

选择题

1. 下列信息检索分类中，不属于按检索对象划分的是(　　)。

A. 文献检索　　　　　　　　　B. 手工检索

C. 数据检索　　　　　　　　　D. 事实检索

2. (　　)是以计算机技术为手段，通过光盘和联机等现代检索方式进行文献检索的方法。

A. 手工检索　　　　　　　　　B. 计算机检索

C. 文献检索　　　　　　　　　D. 数据检索

3. 下列选项中，不属于布尔逻辑运算符的是(　　)。

A. NEAR　　　　　　　　　　B. OR

C. NOT　　　　　　　　　　　D. AND

4. 利用百度搜索引擎检索信息时，要将检索范围限制在网页标题中，应使用的指令是(　　)。

A. intitle　　　　　　　　　　B. inurl

C. site　　　　　　　　　　　D. info

5. 要进行专利信息检索，应选择的平台是(　　)。

A. 百度学术　　　　　　　　　B. 国家知识产权局网站

C. 谷歌学术　　　　　　　　　D. 万方数据知识服务平台

项目五

新一代信息技术概述

项目导读

　　新一代信息技术产业是国务院确定的"十二五"规划中明确的七个战略性新兴产业之一，是以人工智能、量子信息、移动通信、物联网、区块链、大数据等为代表的新兴技术，它既是信息技术的纵向升级，也是信息技术间及与相关产业的横向渗透融合。学习新一代信息技术，应掌握以下知识点。

　　(1)了解新一代信息技术各主要代表技术的概念、技术特点和典型应用。

　　(2)认识三网融合。

　　(3)了解新一代信息技术与制造业、生物医药产业、汽车产业的融合发展方式。

　　新一代信息技术是当今世界创新最活跃、渗透性最强、影响力最广的领域，正在全球范围内引发新一轮的科技革命，并以前所未有的速度转化为现实生产力，引领科技、经济和社会高速发展。

任务一　认识新一代信息技术

在当今的数字经济时代下，新一代信息技术已成为整个社会的核心基础设施，同时开始渗入人们的生活。

任务描述

本任务介绍新一代信息技术，如人工智能、量子信息、移动通信、物联网、区块链、大数据、云计算等的概念、特点及典型应用。

任务解析

（1）了解新一代信息技术各主要代表技术的概念和技术特点。

（2）了解新一代信息技术各主要代表技术的典型应用。

必备知识

一、人工智能

人工智能（Artificial Intelligence，AI）是研究、开发用于模拟、延伸和扩展人的智能的理论、方法、技术及应用系统的技术科学，其目标是希望计算机拥有像人一样的思维过程和智能行为（如识别、认知、分析、决策等），使机器能够胜任一些通常需要人类智能才能完成的复杂工作。

人工智能是计算机科学的一个重要分支，融合了自然科学和社会科学的研究范畴，涉及计算机科学、统计学、脑神经学、心理学、语言学、逻辑学、认知科学、行为科学、生命科学、社会科学和数学，以及信息论、控制论和系统论等多学科领域。

从技术层面而言，人工智能技术的发展可以分为 3 个阶段：计算智能、感知智能和认知智能，目前已经融合在各种传统产业中的人工智能应用主要集中在第一阶段——计算智能，少量应用已经开始试水第二阶段的技术，即感知智能。考虑到全面的感知智能所需的应用化技术、完善的数据、高性能芯片还有待进一步发展，感知智能技术应用的普及还需要一段时间，而认知层的技术突破和数据、计算等基础资源的提升和积累是值得期待的长期发展方向。

目前较为成熟的感知智能技术（如语音、视觉识别的服务、硬件产品等）的应用开发所形成的新"人工智能＋"将引领产业变革，成为推动社会飞速发展的新动力。在传统产业，人工智能可以在制造业、农业教育、金融、交通、医疗、文体娱乐、公共管理等领域得到广泛应用，而且将不断引入新的业态和商业模式；在新兴产业，人工智能还可以带动工业机器人、无人驾驶汽车、VR、无人机等相关企业飞跃式发展。从具体应用方向来看，如今十分火热的工业 4.0、人脸识别、智能答题机器人、智能家居、智能安保、智能医疗、虚拟私人助理等人工智能概念均是有望得到快速发展的重点领域。

1. 人工智能的技术特点

（1）人工智能是大数据驱动的知识学习技术。

（2）人工智能是跨媒体的认知、学习、推理技术。

（3）人工智能是可以人机、脑机相互协同的技术。

（4）人工智能是基于互联网和大数据的群体智能技术，可以把个体的智能融合变成群体智能。

（5）人工智能反应效率高、运算速度快，研究知识的采集、表示和学习。

2. 人工智能的典型应用

人工智能已经逐渐走进人们的生活，并被应用于各个领域，它不仅给许多行业带来了巨大的经济效益，也为人们的生活带来了许多便利。目前，人工智能的典型应用主要有以下六个方面。

（1）人脸识别。

人脸识别也称人像识别、面部识别，是基于人的脸部特征信息进行身份识别的一种生物识别技术。人脸识别涉及的技术主要包括计算机视觉、图像处理等。

人脸识别系统的研究始于 20 世纪 60 年代，之后随着计算机技术和光学成像技术的发展，人脸识别技术水平在 20 世纪 80 年代得到不断提高。在 20 世纪 90 年代后期，人脸识别技术进入初级应用阶段。目前，人脸识别技术已广泛应用于多个领域，如金融、司法、公安、边检、航天、电力、教育、医疗等。

（2）机器翻译。

机器翻译是计算语言学的一个分支，是利用计算机将一种自然语言转换为另一种自然语言的过程。机器翻译用到的技术主要是神经机器翻译技术（Neural Machine Translation，NMT），该技术当前在很多语言上的表现已经超过人类。

随着经济全球化进程的加快及互联网的迅速发展，机器翻译技术在促进政治、经济、文化交流等方面的价值凸显，也给人们的生活带来了许多便利。例如，人们在阅读英文文献时，可以方便地通过有道翻译、谷歌翻译等网站将英文转换为中文，免去了查字典的麻烦，提高了学习和工作的效率。

（3）声纹识别。

生物特征识别技术包括很多种，除了人脸识别，目前用得比较多的有声纹识别。声纹识别也称为说话人识别。声纹识别的工作过程为，系统采集说话人的声纹信息并将其录入数据库，当说话人再次说话时，系统会采集这段声纹信息并自动与数据库中已有的声纹信息作对比，从而识别出说话人的身份。

相比于传统的身份识别方法（如钥匙、证件），声纹识别具有抗遗忘、可远程等特点，在现有算法优化和随机密码的技术手段下，声纹也能有效防录音、防合成，因此安全性高、响应迅速且识别精准。同时，相较于人脸识别、虹膜识别等生物特征识别技术，声纹识别技术具有可通过电话信道、网络信道等方式采集的特点，因此其在远程身份确认上极具优势。

目前，声纹识别技术有声纹核身、声纹锁和黑名单声纹库等，可广泛应用于金融、安防、智能家居等领域，落地场景丰富。

（4）个性化推荐。

个性化推荐是一种基于聚类与协同过滤技术的人工智能应用，它建立在海量数据挖掘的基础上，通过分析用户的历史行为建立推荐模型，主动给用户提供匹配他们需求与兴趣的信息，如商品推荐、新闻推荐等。

个性化推荐既可以为用户快速定位需求产品，弱化用户被动消费意识，提升用户兴致和留存黏性，又可以帮助商家快速引流，找准用户群体与定位，做好产品营销。个性化推荐系统广泛存在于各类网站和 App 中，本质上，它会根据用户的浏览信息、用户基本信息和对物品或内容的偏好程度等多因素进行考量，依托推荐引擎算法进行指标分类，将与用户目标因素一致的信息内容进行聚类，经过协同过滤算法，实现精确的个性化推荐。

（5）医学图像处理。

医学图像处理是目前人工智能在医疗领域的典型应用，如在临床医学中广泛使用的核磁共振成像、超声成像等生成的医学影像均属于医学图像处理。

传统的医学影像诊断主要通过观察二维切片图去发现病变体，这往往需要依靠医生的经验来判断。而利用计算机图像处理技术，可以对医学影像进行图像分割、特征提取、定量分析和对比分析等工作，进而完成病灶识别与标注，如针对肿瘤放疗环节的影像的靶区自动勾画，以及手术环节的三维影像重建等。

医学图像处理可以辅助医生对病变体及其他目标区域进行定性甚至定量分析，从而大大提高医疗诊断的准确性和可靠性。另外，医学图像处理在医疗教学、手术规划、手术仿真、各类医学研究、医学二维影像重建中也具有重要的辅助作用。

（6）无人驾驶汽车。

无人驾驶汽车是智能汽车的一种，也称为轮式移动机器人，主要依靠车内以计算机系统为主的智能驾驶控制器来实现无人驾驶。无人驾驶中涉及的技术包含多个方面，如计算机视觉、自动控制技术等。

美国、英国、德国等发达国家从 20 世纪 70 年代就开始无人驾驶汽车的研究，我国从 20 世纪 80 年代起也开始无人驾驶汽车的研究。

2006 年，卡内基梅隆大学又研发了无人驾驶汽车 Boss，Boss 能够按照交通规则安全地驾驶通过附近有空军基地的街道，并且会避让其他车辆和行人。近年来，伴随着人工智能浪潮的兴起，无人驾驶成为人们热议的话题，国内外许多公司都纷纷投身于自动驾驶和无人驾驶的研究中。

世界主要制造业大国都看到了新一代信息技术对制造业的颠覆性影响，不约而同地将智能制造作为制造业转型升级的重点，纷纷出台发展人工智能的国家战略和产业政策，产业界也加快了在智能制造领域的布局。

二、量子信息

量子信息（Quantum Information）是关于量子系统"状态"所带有的物理信息。量子信息的研究就是充分利用量子物理基本原理的研究成果，发挥量子相干特性的强大作用，探索以全新的方式进行计算、编码和信息传输的可能性。

量子是一个态。所谓态，在物理上不是一个具体的物理量，也不是一个单位，也不是一个实体，而是一个可以观测记录的一组数据（也就是确定一组不变量去测量另外一组量），但是这组数据可以运算。

1. 量子信息的技术特点

信息一旦量子化，由于信息载体的微观特性，其内容及形式将更加多样化。这些微观特征主要表现在以下几方面。

（1）量子间会相互影响。

（2）量子在特定环境下可以处于较稳定的量子纠缠状态，对其中某个子系统内进行某种操作会影响其他的子系统。

（3）量子的状态可以叠加，并可以同时对这些叠加的信息做操作，这样相当于同时处理多个信息，实现真正的并行处理。

（4）量子不可复制。

2. 量子信息的典型应用

量子特性在信息领域有着独特的功能，在提高运算速度、确保信息安全、增大信息容量和提高检测精度等方面可以突破现有的经典信息系统的极限，量子信息现在主要应用在计算机、通信和密码学等领域。

（1）量子计算机。

量子计算机是一类遵循量子力学规律进行高速数学和逻辑运算、存储及处理量子信息的物理装置。量子计算机处理和计算的是量子信息，运行的是量子算法。量子计算机的概念源于对可逆计算机的研究，而研究可逆计算机的目的是解决计算机的能耗问题，如图 5-1 所示。

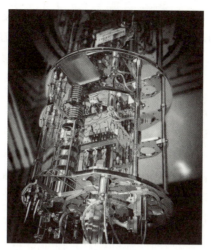

图 5-1 量子计算机

（2）量子通信。

量子通信主要基于量子纠缠态的理论，使用量子隐形传态（传输）的方式实现信息传递。光量子通信的过程如下，

事先构建一对具有纠缠态的粒子，将两个粒子分别放在通信双方，将具有未知量子态的粒子与发送方的粒子进行联合测量（一种操作），则接收方的粒子瞬间发生坍塌（变化），坍塌为某种状态，这个状态与发送方的粒子坍塌（变化）后的状态是对称的，然后将联合测量的信息通过经典信道传送给接收方，接收方根据接收到的信息对坍塌的粒子进行幺正变换（相当于逆转变换），即可得到与发送方完全相同的未知量子态。

与量子通信相比，经典通信的安全性和高效性都无法与之相提并论。安全性——量子通信不会"泄密"，其一体现在量子加密的密钥是随机的，即使被窃取者截获，也无法得到正确的密钥，因此无法破解信息；其二，通信双方手中分别具有纠缠态的 2 个粒子，其中 1 个粒子的量子态发生变化，另外 1 个粒子的量子态就会随之立刻变化，并且根据量子理论，宏观的任何观察和干扰，都会立刻改变量子态，引起其坍塌，因此窃取者由于干扰而得到的信息已经被破坏，并非原有信息。高效性，被传输的未知量子态在被测量之前会处于纠缠态，即同时代表多个状态，量子通信的一次传输，就相当于经典通信方式速率的 128 倍。可以想象，如果传输带宽是 64 位或者更高，那么效率之差将是惊人的。

（3）量子测量。

量子测量基于量子体系（如原子、光子、离子等）的量子特性或量子现象（如叠加态、纠缠态、相干特性等），通过对其量子态的调控和精确测量，对被测系统的各种物理量执行变换并进行信息输出，量子测量在测量精度、灵敏度和稳定性等方面与传统传感技术相比具有明显优势。测量传感技术历经机电式、光电式两代发展，目前前沿研究已经开始进入量子测量领域。国际计量基准中的 7 个基本物理量，已经有时间和长度 2 个实现了完全量子化标定，质量、电流、温度和物质量等物理量的量子化标定研究已经完成，并在 2018 年 11 月的第 26 届国际度量衡大会正式公布使用。

量子测量涉及原子（电子）能级跃迁、冷原子干涉、热原子自旋、电子自旋、核磁共振、单光子探测和纠缠态联合测量等不同的技术方案，可以分为 3 种类型。第一种是运用量子体系的分离能级结构来测量物理量；第二种是使用量子相干性来测量物理量；第三种是使用叠加态和纠缠态等量子体系中所独有的物理现象来提高测量的灵敏度或精度。

三、移动通信

移动通信（Mobile Communication）是移动体之间的通信，或移动体与固定体之间的通信。移动体可以是人，也可以是汽车、火车、轮船等在移动状态中的物体。移动通信是进行无线通信的现代化技术，这种技术是计算机与移动互联网发展的重要成果之一。移动通信技术经过第一代、第二代、第三代、第四代技术的发展，目前已经迈入了第五代(5G 移动通信技术)，这也是目前深刻影响世界发展的几种主要技术之一。

1. 移动通信的技术特点

(1)移动性要求高。需要保持物体在移动状态中的通信。

(2)电波传播条件复杂。移动体可能在各种环境中运动，电磁波在传播时会产生反射、折射、绕射、多普勒效应等现象，会对通信产生多径干扰、信号传播延迟和展宽等挑战。

(3)系统和网络结构复杂。移动通信是多用户通信的系统和网络，必须使用户之间互不干扰，能协调一致地工作。此外，移动通信系统还应与市话网、卫星通信网、数据网等互联，整个网络结构复杂。

(4)移动通信要求频带利用率高、设备性能好。

2. 移动通信的典型应用

(1)校园网。

校园网是为学校师生提供教学、科研和综合信息服务的宽带多媒体网络。首先，校园网应为学校教学、科研提供先进的信息化教学环境。这就要求多媒体教学软件开发平台、多媒体演示教室、教师备课系统、电子阅览室及教学、考试资料库等都可以在校园网上运行。如果一所学校包括多个系，也可以形成多个局域网络，并通过有线或无线方式连接起来。其次，校园网应具有教务、行政和总务管理功能。

(2)医疗领域。

在医疗领域应用移动通信技术意义重大。医疗通信应用场景目前主要有通知、远程数据采集、远程监控、交流与培训、疾病与流行病传播跟踪及诊断与治疗支持等，如图 5-2 所示。

图 5-2　医疗通信示例

(3)第五代移动通信技术。

第五代移动通信技术(5th Generation Mobile Communication Technology，5G)是具有高速率、低时延和大连接特点的新一代宽带移动通信技术，是实现人机物互联的网络基础设施。国际电信联盟定义了 5G 的三大类应用场景，即增强移动宽带、超高可靠低时延通信和海量机器类通信。增强移动宽带主要面向移动互联网流量爆炸式增长，为移动互联网用户提供更加极致的应用体验；超高可靠低时延通信主要面向工业控制、远程医疗、自动驾驶等对时延和可靠性具有极高要求的垂直行业应用需求；海量机器类通信主要面向智慧城市、智能家居、环境监测等以传感和数据采集为目标的应用需求，如图 5-3 所示。

图 5-3　5G 的应用场景

伴随着移动通信技术的发展，5G 在我国的普及程度越来越高。5G 具有超大带宽、超高速度、超低延时等特征，可以有效地与智能制造产业相融合。高性能的 5G 网络可连接工厂内的海量传感器、机器人、虚拟现实设备和信息系统，再通过人工智能分析后将决策建议反馈至工厂。智能工厂里的生产设备可在 5G 技术的支持下实现无缝连接，全面打通设计、采购、仓储、物流等环节，构建智能制造网络，自动执行人工智能决策，并反馈执行情况。

四、物联网

物联网（Internet of Things，IoT）起源于传媒领域，是推动信息科技产业第三次革命的重要技术之一。物联网是指通过信息传感设备，按约定的协议，将物体与网络相连接，物体通过信息传播媒介进行信息交换和通信，以实现智能化识别、定位、跟踪、监管等功能，如图 5-4 所示。

图 5-4　物联网

1. 物联网的技术特点

（1）物联网的感知技术应用广泛。

（2）物联网是一种建立在互联网上的泛在网络。

（3）物联网不仅提供了传感器的连接，其本身也具有智能处理的能力，能够对物体实施智能控制。

2. 物联网的典型应用

（1）智慧物流。

智慧物流以物联网、人工智能、大数据等信息技术为支撑，在物流的运输、仓储、配送等各个环节实现系统感知、全面分析和处理等功能。但物联网在该领域的应用主要体现在仓储、运输监测和快递终端方面，即通过物联网技术实现对货物及运输车辆的监测，包括对运输车辆位置、状态、油耗、车速及货物温湿度等的监测。

（2）智能交通。

智能交通是物联网的一种重要体现形式，它利用信息技术将人、车和路紧密结合，可改善交通运输环境、保障交通安全并提高资源利用率。物联网技术在智能交通领域的应用包括智能公交车、智慧停车、共享单车、车联网、充电桩监测和智能红绿灯等。

（3）智能医疗。

在智能医疗领域，新技术的应用必须以人为中心。而物联网技术是获取数据的主要技术，能有效地帮助医院实现对人和物的智能化管理。对人的智能化管理指的是通过传感器对人的生理状态（如心跳频率、血压高低等）进行监测，将获取的数据记录到电子健康文件中，方便个人或医生查阅；对物的智能化管理指的是通过射频识别技术（RFID）对医疗设备、物品进行监控与管理，实现医疗设备、用品可视化。

> **◀)) 提示**
>
> RFID是一种通信技术，它可通过无线电信号识别特定目标并读写相关数据。RFID技术目前在许多方面都已得到应用，在仓库物资、物流信息追踪、医疗信息追踪等领域都有较好的表现。

（4）智慧零售。

行业内将零售按照距离分为远场零售、中场零售、近场零售3种，三者分别以电商、超市和自动（无人）售货机为代表。物联网技术可以用于近场和中场零售，如无人便利店和自动售货机。智慧零售通过将传统的售货机和便利店进行数字化升级和改造，打造了无人零售模式。它还可通过数据分析，充分运用店内的客流和活动信息，为用户提供更好的服务。

五、区块链

区块链是分布式数据存储、点对点传输、共识机制、加密算法等计算机技术的新型应用模式。区块链起源于数字货币——比特币，区块链是其中的一个重要概念，其本质是一个去中心化的数据库，并且作为比特币的底层技术，它是一串使用密码学方法产生的数据块，每一个数据块中包含了一批次比特币网络交易的信息，用于验证其信息的有效性（防伪）和生成下一个区块。

1. 区块链的技术特点

（1）去中心化。区块链上的每一方都可以访问整个数据库及其完整的历史记录，即没有单一方控制数据或信息。每一方都可以直接验证其交易合作伙伴的记录，而不需要中间人。去中心化是区块链最突出、最本质的特征。

（2）开放性。区块链技术是开源的，除了交易各方的私有信息被加密外，区块链的数据对所有人开放，任何人都可以通过公开的接口查询区块链数据和开发相关应用。

（3）独立性。基于协商一致的规范和协议，整个区块链系统不依赖其他第三方，所有节点能够在系统内自动安全地验证、交换数据。

（4）安全性。只要不掌控全部数据节点的 51%，就无法肆意操控修改网络数据，这使区块链本身变得相对安全，避免了主观人为的数据变更。

（5）匿名性。除非有法律规范要求，单从技术上来讲，各区块节点的身份信息不需要公开或验证，信息传递可以匿名进行。

2. 区块链的典型应用

（1）金融行业。

将区块链技术应用在金融行业中，能够省去第三方中介环节，实现点对点的直接传输，从而在大大降低成本的同时，快速完成交易支付。

（2）物流领域。

区块链在物联网和物流领域是一个很有前景的应用方向。区块链可以降低物流成本，追溯物品的生产和运送过程，并且提高供应链管理的质量和效率。

（3）生产生活。

区块链在公共管理、能源、交通等领域都与民众的生产生活息息相关。区块链提供的去中心化的服务通过网络中各个节点之间点对点的数据传输服务就能实现域名的查询和解析，可用于确保某个重要的基础设施的操作系统和固件没有被篡改，可以监控软件的状态和完整性，及时发现不良的篡改，并确保使用了物联网技术的系统所传输的数据没有经过篡改。

（4）文化产业。

通过区块链技术，可以对作品进行鉴权，证明文字、视频、音频等作品的存在，保证权属的真实、唯一性。

（5）保险行业。

通过智能合约的应用，既无须投保人申请，也无须保险公司批准，只要触发理赔条件，即可实现保单自动理赔。换言之，区块链在贷款合同中代替了第三方角色。

（6）公益事业。

区块链上存储的数据，具有高可靠性且不易被篡改，天然适合用在社会公益场景。公益流程中的相关信息，如捐赠项目、募集明细、资金流向、受助人反馈等，均可以存放于区块链中，并且有条件地进行透明公开公示，方便社会监督。

六、大数据

从技术的角度看，大数据指的是传统数据处理应用软件不足以处理的大或复杂的数据集。从资源的角度看，大数据指的是海量、高速增长和多样化的信息资产。

1. 大数据的特点

大数据具有数据体量大、数据类型多、数据产生速度快、数据价值密度低等特征。

（1）数据体量大，指存储的数据能达 EB（1EB＝1024PB）甚至 ZB（1ZB＝1024EB）级，未来会更大。目前，全球每年总的数据量已达 ZB 级。

（2）数据类型多，指存储的数据包含结构化数据、半结构化数据及非结构化数据等形式。

（3）数据产生速度快，通过多维度的自动采集和记录，数据积累速度快，并具有一定的流动性，如交通视频监控数据。

（4）数据价值密度低，指大数据蕴含着大价值，但这种价值需要通过专业的技术手段加以处理才能发现，如同现实世界中只有通过专业的技术手段才能探明矿藏一样。

2. 大数据的典型应用

（1）大数据在个人生活中的应用。

在大数据时代，每个人都是数据的生产者。大数据促进了工业 4.0、人工智能、无人驾驶和智慧城市的发展，改变了人与自然、人与人、人与社会的关系。数据会在即时通信过程中产生，包括电话、短信、微信、邮件和浏览网页等操作，特别是社交自媒体每天产生的大量的文本、音频及视频都是数据的主要来源。随着大数据技术与云计算、物联网的进一步融合，未来的数据将来源于大量端侧传感器。

①智能购物。智能购物软件通过分析特定顾客的需求，结合大数据的分析归类，进行针对性非常强的广告推送。个体用户的数据都会被积累，形成消费水平、倾向变化的统计和预测，智能购物软件会据此调整推送广告的内容。

②个人医疗。个人医疗智能系统依赖于群体数据的采集和综合判断。个体的信息感知已经打破了空间（从宏观影像到分子基因，从医院到家庭到随时随地）和时间（从离散监测到连续监测）的限制。医学诊断正在演化为社群个体全过程的信息跟踪、预测、预防和个性化治疗。

③教育教学。基于大数据的精确学习情况诊断、个性化学习分析和智能决策支持，提升了教育品质，也帮助教师及时掌握学生的真实信息，真正实现因材施教。学生在课堂中的需求和态度，经由大数据的处理变得清晰透明，这也为教研活动提供了更鲜活的素材。通过大数据进行学习分析，能够为每一位学生量身定制学习环境和个性化的课程，还能创建一个早期预警系统，以便为学生的终身学习提供一个合理的计划。

（2）大数据在企业中的应用。

在大数据时代，企业应用从以软件编程为主转变为以数据为中心。工业4.0概念本质上是通过信息物理系统实现工厂的设备传感和控制层的数据与企业信息系统融合，使生产大数据传到云计算数据中心进行存储、分析，形成决策并指导生产。大数据可以渗透到制造业的各个环节发挥作用，如产品设计、原料采购、产品制造、仓储运输、订单处理、批发经营和终端零售等。

①车间智能机器人。车间智能机器人可以进行自动化调度、自动化装卸，可以达到无人值守的全自动化生产模式，如图5-5所示。

图5-5　车间智能机器人

②处理订单。大数据技术在任何行业中应用的优势是预测能力。用户利用大数据的预测能力可以精准了解市场发展趋势、用户需求及行业走向等多方面的信息，从而为企业的发展制定更合理的战略和规划。企业通过大数据的预测结果，便可以根据潜在订单的数量，制定产品的设计、安排生产及营销策略。

③仓储运输。大数据能够精准预测个体消费者的需求及消费者对于产品价格的期望值，理论上企业在产品设计制造后，可直接派送到离消费者最近的仓库。虽然此时潜在消费者还没有下单，但是消费者最终接受产品是一个大概率事件。这使企业可以合理安排产能、仓储及物流。

④工业采购。大数据技术可以预测趋势，可以对企业的原料采购供求信息进行更大范围的采集和匹配预测，从而提升生产效率。大数据通过高度整合的方式，将上下游企业信息汇总，打破了原有的信息壁垒，实现了集约化管理。

用户可以根据流程中每个环节的轻重缓急来合理安排企业的费用支出。同时，对大数据的分析还可以对采购原料的附带属性进行更加精细的描述与认证，通过标签的分析，可以更好地评估企业采购资金的支出效果。

⑤产品设计。借助大数据技术，企业可以对原材料的品质进行监控，发现潜在问题后能立即预警，以便能及早发现并解决问题，从而保障产品品质；大数据技术也能监控并预测加工设备未来的故障；大数据技术还能精准预测零件的生命周期，在需要更换时提出建议，协助制造产品并且兼顾品质与成本。

（3）大数据在政府部门中的运用。

大数据可以用于环境污染预警、疾病防御与预警、资源分配、交通拥堵预警和养老问题分析等场景并为管理者提供决策参考。智慧政府平台架构有助于提升政府服务和监管效率、降低政府决策成本，并为政务智能的研究和应用提供新的思路。

七、云计算

云计算是国家战略性新兴产业，是基于互联网服务的增加、使用和交付模式。云计算通常涉及通过互联网来提供动态、易扩展且经常是虚拟化的资源，是传统计算机和网络技术融合发展的产物。

云计算技术是硬件技术和网络技术发展到一定阶段后出现的新的技术模型，是对实现云计算模式所需的所有技术的总称。分布式计算技术、虚拟化技术、网络技术、服务器技术、数据中心技术等都属于云计算技术的范畴，同时云计算技术也包括新出现的 Hadoop、HPCC、Storm、Spark 等技术。云计算技术的出现意味着计算能力也可作为一种通过互联网进行流通的商品。

1. 云计算的特点

与传统的资源提供方式相比，云计算主要具有以下特点。

(1)虚拟化。虚拟化是指云计算突破了时间、空间的限制，这是云计算最显著的特点。虚拟化包括应用虚拟和资源虚拟两种。

(2)动态可扩展。在原有服务器基础上增加云计算功能，能使服务器的计算能力迅速提高，最终实现动态扩展虚拟化，以达到对应用进行扩展的目的。

(3)按需部署。用户运行不同的应用需要较强的计算能力对资源进行部署，而云计算平台能够根据用户的需求快速配备计算能力及资源。

(4)灵活性高。云计算的灵活性高，不仅可以兼容低配置机器、不同厂商的硬件产品，还能够为外设获得更高性能的计算。

(5)可靠性高。单点服务器出现故障可以通过虚拟化技术将分布在不同物理服务器上的应用进行恢复或利用动态扩展功能部署新的服务器进行计算。

(6)性价比高。将资源放在虚拟资源池中统一管理可优化物理资源，用户不再需要昂贵、存储空间大的主机，可选择相对廉价的 PC 组成云服务器，大幅提高性价比。

(7)可扩展性。用户可以利用应用软件的快速部署条件更为简单快捷地将自身所需的已有业务及新业务进行扩展。

2. 云计算的典型应用

云计算的概念从提出到今天，取得了飞速发展与翻天覆地的变化。现如今，云计算被视为计算机网络领域的一次革命，因为它的出现，人们的工作方式和商业模式也在发生巨大的改变，云计算技术已经融入当今的社会生活。

（1）云存储。

云存储是在云计算技术上发展起来的一种新型存储技术，是一个以数据存储和管理为核心的云计算系统。用户可以将本地的资源上传至云端上，可以在任何地方连入互联网并获取云上的资源，如图5-6所示。百度、华为等公司均提供云存储的服务。云存储向用户提供了存储容器服务、备份服务、归档服务和记录管理服务等，很大程度上方便了使用者对资源的管理。

图 5-6　云存储

（2）云医疗。

云医疗是指在云计算、移动通信技术、多媒体、大数据及物联网等新技术基础上，结合医疗技术，使用"云"来创建医疗健康服务云平台，实现医疗资源的共享和扩大医疗服务的范围。医院的网上预约挂号、电子病历、电子医保卡等都是云计算与医疗领域结合的成果。云医疗还具有数据安全、信息共享、动态扩展等优势。

（3）云金融。

云金融是指使用云计算将信息、金融和服务等功能从分散的庞大分支机构转移到"云"上。云金融为银行、保险和基金等金融机构提供互联网事务处理，从而解决金融行业的现有问题并达到高效、低成本的目标。金融与云计算的结合，使用户只需要在手机上简单操作，就可以完成银行存款、购买保险和买卖基金。很多金融企业都推出了自己的云金融服务。

（4）云教育。

云教育是教育信息化的一种发展。云教育可以将所需要的教育资源虚拟化并传到互联网上，为学生和教师提供一个方便快捷的平台。现在流行的慕课（MOOC）就是云教育的一种应用。在国内，中国大学 MOOC、学堂在线等都是非常好的云教育平台。图 5-7 所示为学堂在线首页。许多大学现已使用这些云教育平台开设相关的课程。

图 5-7　学堂在线首页

训练任务

请列举生活中常见的新一代信息技术的典型应用，并分析其用到了哪些新一代信息技术。

任务二　新一代信息技术与其他产业的融合发展

新一代信息技术发展的热点不只是信息领域各个分支技术的纵向升级，而更多聚焦在信息技术的横向渗透融合中。

任务描述

快速发展的信息技术与其他产业进行了高度融合，如工业互联网就是新一代信息技术与制造业深度融合的新兴产物。除此之外，新一代信息技术也与生物医药产业、汽车产业等进行了深度融合。

任务解析

(1)认识三网融合。

(2)了解新一代信息技术与制造业、生物医药产业、汽车产业的融合发展方式。

必备知识

一、三网融合

三网是指现代信息产业中的 3 个不同行业，即电信业、计算机业和有线电视业。三网融合主要是指高层业务应用的融合，在技术上表现为趋向一致；在业务层上互相渗透和交叉；在网络层上实现互联互通与无缝覆盖；在应用层上趋向使用统一的 IP，并通过不同的安全协议最终形成一套在网络中兼容多种业务的运行模式。三网融合的特点主要表现在以下三个方面。

(1)强调业务融合。三网融合并不是简单的三网合一，也不是网络的互相代替，而是业务的融合。

即通过网络互联互通、资源共享，使每个网络都能开展多种业务。例如，用户既可以通过有线电视网打电话，也可以通过电信网看电视。

（2）强调中国特色。要建设符合我国国情的三网融合模式，走中国特色的三网融合之路。全面推进网络数字电视的数字化网络改造，提高对综合业务的支撑能力，同时要推进各地分散运营的有线电视网的整合，组建国家级有线电视网络公司。

（3）明确广电和电信有限度的双向接入。鉴于我国媒体管理和电信管理政策的不同，三网融合只是业务上有限度的融合。例如，广电企业可以申请基于有线电视网络的互联网接入业务；电信企业可以开展互联网视听节目传输、时政类新闻节目转播、手机电视分发服务等。

三网融合应用广泛，遍及智能交通、公共安全、环境保护等多个领域。例如，现在手机可以看电视、上网，电视可以上网、打电话，计算机也可以打电话、看电视。三者之间相互交叉，这就是三网融合技术的主要表现。

二、新一代信息技术与制造业融合

新一代信息技术与制造业深度融合是推动制造业转型升级的重要举措，是抢占全球新一轮产业竞争制高点的必然选择。目前，我国新一代信息技术与制造业融合发展成效显著，主要体现在以下 3 个方面。

（1）产业数字化基础不断夯实。近年来，我国以融合发展为主线，持续推动新一代信息技术在企业的研发、生产、服务等流程和产业链中的深度应用，带动了企业数字化水平的持续提升。

（2）加快企业数字化转型步伐。工业互联网平台作为新一代信息技术与制造业深度融合的产物，已成为制造大国竞争的新焦点。推广工业互联网平台，加快构建多方参与、协同演进的制造业新生态，是加快推进制造业数字化转型的重要催化剂。当前，我国工业互联网平台发展取得了重要进展，全国有一定行业区域影响力的区域平台超过 50 家，工业互联网平台对加速企业数字化转型的作用日益彰显。

（3）企业创新能力不断增强。随着我国信息技术产业的快速发展，一大批企业脱颖而出，在创新能力、规模效益、国际合作等方面不断取得新成就。其中，百强企业的研发投入资金持续增加，它们的平均研发投入强度超过 10%，为产业数字化转型奠定了良好基础。

三、新一代信息技术与生物医药产业融合

近年来，以云计算、智能终端等为代表的新一代信息技术在生物医药产业得到了越来越广泛的应用。新一代信息技术与生物医药正在进行深度融合，这种融合代表着新兴产业发展方向。新一代信息技术已渗透到生物医药产业的各个环节，如研发环节、生产流通环节、医疗服务环节等。

（1）研发环节。在研发环节，大数据、云计算、"虚拟人"等技术可以推进医药研发的进程。很多发达国家正尝试运用信息技术建立"虚拟人"，将药品临床试验的某些阶段虚拟化。另外，针对电子健康档案数据的挖掘和分析，也有助于提高药品研发效率，降低研发费用。

（2）生产流通环节。在生产流通环节，随着无线射频识别标签、温度传感器、智能尘埃等设备在药品流通过程中的广泛应用，药品流通领域的电子商务应用水平不断提高。

（3）医疗服务环节。在医疗服务环节，电子病历、智能终端、网络社交软件等可以使有限的医疗资源被更多人共享，从而缓解医疗资源紧张问题。

四、新一代信息技术与汽车产业融合

当汽车保有量接近饱和时，汽车产业曾经一度被误认为是夕阳产业，但实际上，全球汽车产业的发展从未止步。尤其是在新一代信息技术与汽车产业深度融合之后，汽车产业焕发新生。新一代信息

技术与汽车产业的深度融合呈现出以下 3 个新特征。

(1)从产品形态来看，汽车不只是交通工具，还是智能终端。智能网联汽车配有先进的车载传感器、控制器、执行器等装置，应用了大数据、人工智能、云计算等新一代信息技术，具备智能化决策、自动化控制等功能，实现了车辆与外部节点间的信息共享与控制协同。

(2)从技术层面来看，汽车从单一的硬件制造走向软硬一体化。其中，硬件设备是真正实现智能化并得以普及的底层驱动力，它是不可变的；而软件是可变的，能够根据个人需求改变。

(3)从制造方式来看，由大规模同质化生产逐步转向个性化定制。在工业 4.0 时代，汽车产业在纵向集成、横向集成、端到端集成 3 个维度率先突破，正从大规模同质化生产模式转向个性化定制模式。

 训练任务

请在网上搜索新一代信息技术与其他产业融合的相关视频资料，通过视频进一步了解新一代信息技术产业发展的趋势。

思政园地

超算，让世界见证"中国速度"

2022 年 10 月 9 日，国家超级计算长沙中心"天河"新一代超级计算机系统运行启动仪式举行。

据介绍，新一代"天河"的综合算力是前一代的 150 倍，相当于百万台计算机的计算能力。超级计算机被誉为科技创新的"发动机"，是国家科技发展水平和综合国力的重要标志。十年来，我国超级计算机事业取得了举世瞩目的成就。

2009 年 10 月 29 日，我国发布峰值性能为每秒 1.206 千万亿次的"天河一号"超级计算机，成为美国之后第二个可以独立研制千万亿次超级计算机的国家。凭借优异性能，2010 年 11 月，"天河一号"荣登世界超级计算机 500 强榜单第一名，让中国人首次站到了超级计算机的全球最高领奖台上。

2013 年 6 月，"天河二号"亮相，凭借高性能、低能耗、兼容性强的特点，自问世以来，连续 6 次位居世界超级计算机 500 强榜首。

2016 年 6 月，国际超算大会公布新一期世界超级计算机 500 强排名，中国第一台全部采用国产处理器构建的"神威·太湖之光"，成为全球最快的超级计算机，其系统的峰值性能、持续性能、性能功耗比等三项关键指标，均为世界第一。

在全球最强 500 台超级计算机中，中国占到了 167 台，数量首次超过美国，E 级超算是指每秒可进行百亿亿次数学运算的超级计算机，被全世界公认为"超级计算机界的下一顶皇冠"。2018 年 7 月，我国自主研发的"天河三号"E 级原型机完成研制部署并顺利通过验收。其后，神威 E 级原型机系统、曙光 E 级原型机系统相继亮相，向着新一代百亿亿次超算吹响了冲锋的号角。2022 年上半年，世界超级计算机 500 强榜单显示，中国共有 173 台超算上榜，上榜总数蝉联第一。业内人士经常用六个字来概括超级计算机的"超能力"，"算天""算地""算人"。作为新时代的国之重器，超级计算机已广泛应用于大气海洋环境、数值风洞、医学信息、基因组学、药学、电磁学、天文学等领域，从工业仿真、智能制造，到社会治理、疫情防控，算力渗透到人们生活的方方面面，惠及各个不同的行业，成为解决诸多难题的"超强大脑"。

目前，我国已在各地建立起大大小小的国家级和地方级超算中心，构成我国的算力矩阵。截至 2022 年 6 月，我国算力总规模超过 150E Flops(每秒 1.5 万亿亿次浮点数运算)，位居全球第二，从 2010 年"天河一号"在世界超级计算机 500 强榜首第一次留下中国超算的名字，到如今新一代"天河"实现每秒 20 亿亿次高精度浮点数运算，中国的算力水平不断跃升，科研人员一棒接着一棒，实现了高性能计算从"跟跑"到"领跑"的历史跨越。创新没有休止符，中国"超算人"正在向着新的"中国速度"冲锋。

（资料来源：中央纪委国家监委网站，2022 年 10 月 18 日，有改动）

▰▰ 项目考核 ▰▰

填空题

1. 人工智能的英文简写为＿＿＿＿＿＿。
2. ＿＿＿＿＿＿是基于互联网服务的增加、使用和交付模式。
3. 三网是指＿＿＿＿＿、＿＿＿＿＿、＿＿＿＿＿。
4. ＿＿＿＿＿＿是指使用云计算将信息、金融和服务等功能从分散的庞大分支机构转移到"云"上。
5. 5G 的三大类应用场景分别是＿＿＿＿＿、＿＿＿＿＿、＿＿＿＿＿。

选择题

1. 下列不属于云计算特点的是（   ）。
A. 动态可扩展   B. 按需服务
C. 高可靠性   D. 非网络化
2. 人工智能的实际应用不包括（   ）。
A. 自动驾驶   B. 人工客服
C. 数字货币   D. 智慧医疗
3. 人脸识别技术水平在 20 世纪 80 年代得到不断提高，在 20 世纪 90 年代后期，人脸识别技术进入（   ）。
A. 初级应用阶段   B. 中级应用阶段
C. 高级应用阶段   D. 普及应用阶段

项目六

信息素养与社会责任

项目导读

　　信息素养与社会责任是指在信息技术领域，通过对信息行业相关知识的了解，内化形成的职业素养和行为自律能力。信息素养与社会责任对个人在各自行业内的发展起着重要作用。学习信息素养与社会责任，需要了解以下知识点。

(1)了解信息技术的发展历程。

(2)掌握信息安全与自主可控的相关知识。

(3)了解信息素养的概念和主要素养。

(4)了解信息伦理与相关法律法规。

(5)了解信息社会责任。

当今社会经济快速发展，信息技术作为目前先进生产力的代表，已经成为我国创新型经济发展的重要战略支撑，信息技术的快速发展，催生出一个与现实世界并行的虚拟网络世界，这也深刻改变了人们的沟通交流方式，但是互联网不是法外之地，维护健康而有序的网络环境是每个人都应承担的责任。

任务一　信息素养概述

信息素养是人们在信息社会和信息时代生存的前提条件。信息素养的本质是全球信息化需要人们具备的一种基本能力，是一种综合能力，涉及人文的、技术的、经济的、法律的诸多因素，和许多学科有着紧密的联系。

任务描述

本任务涉及对信息素养的全面认知，包括信息素养的概念和信息素养的主要要素。

任务解析

（1）了解信息素养的概念。

（2）熟悉信息素养的主要要素。

必备知识

一、信息素养的概念

1974 年，保罗·泽考斯基在给美国图书馆与信息科学国家委员会（NCLIS）提交的计划中首次提出"信息素养"一词，并定义为："经培训以后能够在工作中运用信息的人，即认为具备了信息素养，他们在掌握了信息工具的使用及熟悉主要信息源的基础上，能够解决实际问题。组织信息用于实际的应用，将新信息与原有的知识体系进行融合，以及在批判思考和问题解决的过程中使用信息。"

2003 年，联合国教科文组织（UNESCO）资助的国际信息素养专家会议召开，来自世界 7 大洲 23 个国家的 40 位代表对信息素养展开了讨论，会议发表了"布拉格宣言：走向具有信息素养的社会"。会议将信息素养定义为："确定、查找、评估、组织和有效地生产、使用和交流信息来解决问题的能力。"并宣布信息素养是终身学习的一种基本人权。

2021 年 3 月，我国教育部印发的《高等学校数字校园建设规范（试行）》中提道："信息素养是个体恰当利用信息技术来获取、整合、管理和评价信息，理解、建构和创造新知识，发现、分析和解决问题的意识、能力、思维及修养。"

二、信息素养的主要要素

具体来说，信息素养包含四个要素，即信息意识、信息知识、信息能力、信息伦理。其中，信息意识是先导；信息知识是基础；信息能力是核心；信息伦理是保证。

1. 信息意识

信息意识是指人对信息的感受力、判断力和洞察力，是人对自然界和社会的各种现象、行为、理论、观点等的理解、感受和评价。

信息意识的表现形式有：一对信息具有敏锐的感受力，二对信息具有持久的注意力，三对信息价值具有判断力。

2. 信息知识

信息知识是指开展信息获取、评价、利用等活动所需要的知识，包括传统文化素养、信息的理论知识、现代信息技术及外语能力等。无论是信息理论知识还是信息技术知识，都是以传统文化基础知识为基础的。

3. 信息能力

信息能力包括信息检索与获取能力、信息分析能力、信息鉴别与评价能力，以及信息应用与创新能力。人们只有在掌握了一定的信息检索技能的前提下，学会鉴别、评价信息，再通过对有价值的信息进行整合，才能有效地开展各种信息活动，从而创造信息并充分发挥信息的价值。

4. 信息伦理

信息伦理也称信息道德，是指涉及信息开发、信息传播、信息管理和利用等方面的伦理要求、伦理准则、伦理规约，以及在此基础上形成的、新型的伦理关系。信息伦理是调整人们之间及个人和社会之间信息关系的行为规范的总和。

📺 训练任务

请检索相关资料，结合老师的讲授，谈一谈大学生要具备怎样的信息素养？

任务二　信息技术发展与信息安全

回顾整个人类社会发展史，从语言的使用、文字的创造，到造纸术和印刷术的发明与应用，以及电报、电话、广播和电视的发明和普及等，无一不是信息技术的革命性发展成果。但是，真正标志着现代信息技术诞生的事件还是 20 世纪 60 年代电子计算机的普及，以及计算机与现代通信技术的有机结合，如信息网络的形成实现了计算机之间的数据通信、数据共享等。

📱 任务描述

本任务涉及信息技术的发展情况，并介绍了信息安全与自主可控的具体知识。

📖 任务解析

(1)了解信息技术的发展历程。
(2)熟悉信息技术知名企业。
(3)掌握信息安全与自主可控的相关知识。

📝 必备知识

🍎 一、信息技术的概念

信息技术是指在信息的获取、整理、加工、存储、传递、表达和应用过程中所采用的方法，如语言、文字、信号、书信、电话及网络等。目前，信息技术主要指应用计算机科学和通信技术来设计、开发、安装和实施的信息系统及应用软件。

🍎 二、信息技术的发展历程

信息技术从产生到现在共经历了 5 次变革。

第一次是人类语言的产生，发生在距今约 3.5 万～5 万年前。它是信息表达和交流手段的一次关键性革命，产生了信息获取和传递技术。

第二次是文字的出现，大约在公元前 3500 年。文字的使用使信息可以长期存储，实现了跨时间、跨地域地传递和交流信息，并随之产生了原始的信息存储技术。

第三次是造纸术和印刷术的发明，造纸技术大约在公元 105 年出现。造纸术把信息的记录、存储、传递和使用拓展到了更广阔的空间，使知识的积累和传播有了可靠的保证，是人类信息存储与传播手段的一次重要革命，也随之产生了更为先进的信息获取、存储和传递技术。

第四次是电报、电话、广播、电视的发明和普及，始于 19 世纪 30 年代。这些技术的应用实现了信息传递的多样性和实时性，打破了交流信息的时空界限，提高了信息传播的效率，是信息存储和传播的又一次重要革命。

第五次是计算机与互联网的出现，始于 20 世纪 60 年代。这是一次信息传播和信息处理手段的革命，对人类社会产生了空前的影响，使信息数字化成为可能，信息产业应运而生。

三、信息安全与自主可控

随着信息技术的不断发展，各种信息也会更多地借助互联网实现共享使用，这就增大了信息被非法利用的概率。因此，信息安全不仅是国家、企业需要关心的内容，也是每个人都应该重视的内容。

1. 信息安全基础

信息安全主要是指信息被破坏、更改、泄露的可能。其中，破坏涉及的是信息的可用性，更改涉及的是信息的完整性，泄露涉及的是信息的机密性。因此，信息安全的核心就是要保证信息的可用性、完整性和机密性。

（1）信息的可用性。如果一个合法用户需要得到系统或网络服务，但系统和网络不能提供正常的服务时，这与文件资料被锁在保险柜里，开关和密码系统混乱而无法取出资料一样。也就是说，信息如果可用，则代表攻击者无法占用所有的资源，无法阻碍合法用户的正常操作。信息如果不可用，对于合法用户来说，则信息已经被破坏，从而面临信息安全的问题。

（2）信息的完整性。信息的完整性是信息未经授权不能进行改变的特征，即只有得到允许的用户才能修改信息，并且能够判断出信息是否已被修改。存储器中的信息或经网络传输后的信息，必须与其最后一次修改或传输前的内容一模一样，这样做的目的是保证信息系统中的数据处于完整和未受损的状态，使信息不会在存储和传输的过程中被有意或无意的事件所改变、破坏和丢失。

（3）信息的机密性。由于系统无法确认是否有未经授权的用户截取网络上的信息，因此需要使用一种手段对信息进行保密处理。加密就是用来实现这一目标的手段之一，加密后的信息能够在传输、使用和转换过程中避免被第三方非法获取。

2. 信息安全现状

近年来，信息泄露的事件不断出现，如某组织倒卖业主信息、某员工泄露公司用户信息等，这些事件说明我国信息安全目前仍然存在许多隐患。从个人信息现状的角度来看，我国目前信息安全的重点体现在以下三个方面。

（1）个人信息没有得到规范采集。现阶段，虽然人们的生活方式呈现出简单和快捷的特点，但其背后也伴有诸多信息安全隐患，如诈骗电话、推销信息、搜索信息等，均会对个人信息安全产生影响。不法分子通过各类软件或程序盗取个人信息，并利用信息获利，严重影响了公民的财产安全甚至公民的人身安全。除了政府和得到批准的企业外，部分未经批准的商家或个人对个人信息实施非法采集，甚至肆意兜售，这种不规范的信息采集行为使个人信息安全受到了极大影响，严重侵犯了公民的隐私权。

（2）个人欠缺足够的信息保护意识。网络上个人信息肆意传播、电话推销频繁等情况时有发生，从其根源来看，这与人们欠缺足够的信息保护意识有关。人们在个人信息层面上保护意识的薄弱，给信息盗取者创造了有利条件。例如，在网上查询资料时，网站要求填写个人相关资料，包括电话号码、身份证号码等极为隐私的信息，这些信息还可能是必填的项目。一旦填写，如果面对的是非法程序，就可能导致信息泄露。因此，用户个人一定要增强信息保护意识，在不确定的情况下不公布各种重要信息。

（3）相关部门监管力度不够。政府相关部门在对个人信息采取监管和保护措施时，可能存在界限模糊的问题，这主要与管理理念模糊、机制缺失有关。一方面，部分地方政府并未基于个人信息设置专业化的监管部门，容易产生职责不清、管理效率较低等问题。另一方面，大数据需要以网络为基础，网络用户的信息量大且繁杂，相关部门也很难实现精细化管理。因此，政府相关部门只有继续探讨信息管理的相关办法，有针对性地出台相关政策法规，才能更好地保护个人信息安全。

3. 信息安全面临的威胁

随着信息技术的飞速发展，信息技术为人们带来更多便利的同时，也使人们的信息堡垒变得更加脆弱。就目前来看，信息安全面临的威胁主要有以下五点。

（1）黑客恶意攻击。黑客是一群专门攻击网络和个人计算机的用户，他们随着计算机和网络的发展而成长，普通精通各种编程语言和各类操作系统，具有熟练的计算机技术。就目前信息技术的发展趋势来看，黑客多采用病毒对网络和个人计算机进行破坏，这些病毒采用的攻击方式多种多样，对没有网络安全防护设备（防火墙）的网站和系统具有强大的破坏力，这给信息安全防护带来了严峻的挑战。

（2）网络自身及其管理有所欠缺。互联网的共享性和开放性使网上信息安全管理存在不足，在安全防范、服务质量、带宽和方便性等方面存在滞后性与不适应性。许多企业、机构及用户疏于对其网站或系统的管理，没有制定严格的管理制度。而实际上，网络系统的严格管理是企业、组织及相关部门和用户信息免受攻击的重要措施。

（3）因软件设计的漏洞或"后门"而产生的问题。随着软件系统规模的不断增大，新的软件产品被开发出来，其系统中的安全漏洞或"后门"也不可避免地存在。无论是操作系统，还是各种应用软件，大多被发现过存在安全隐患。不法分子往往会利用这些漏洞，将病毒、木马等恶意程序传输到网络和用户的计算机中，从而产生一定的损失。

> 🔊 **提示**
>
> "后门"即后门程序，一般是指那些绕过安全性控制而获取对程序或系统访问权的程序。开发软件时，程序员为了方便以后修改程序代码，往往会在软件内创建后门程序，这种程序一旦被不法分子获取，或是在软件发布之前没有删除，其就成为安全隐患，极容易被黑客当成漏洞进行攻击。

（4）非法网站设置的陷阱。互联网中有些非法网站会故意设置一些盗取他人信息的软件，且可能会隐藏在下载的信息中，只要用户登录或下载网站资源，其计算机就会被控制或感染病毒，严重时会使计算机中的所有信息被盗取。这类网站往往会"乔装"成人们感兴趣的内容，让大家主动进入网站查询信息或下载资料，从而将病毒、木马等恶意程序传输到用户计算机上，以完成各种非法操作。

（5）用户不良行为引起的安全问题。用户误操作导致信息丢失、损坏，用户没有备份重要信息，在网上滥用各种非法资源等，都可能对个人的信息安全造成威胁。因此，人们应该严格遵守操作规定和管理制度，不给信息安全带来任何隐患。

4. 自主可控

国家安全对于任何国家而言都是至关重要的，处于信息时代，信息安全是不容忽视的国家安全内容之一。信息泄露、网络环境安全等，都将直接影响到国家的安全。近年来，我国也在不断完善相关法律，目的就是解决在信息技术和设备上受制于人的问题。

首先，我国信息安全等级保护的标准一直在不断完善，目前已经覆盖各地区、各单位、各部门、各机构，涉及网络平台、信息系统、云平台、物联网、工控系统、大数据、移动互联等各类技术应用平台和场景，以最大限度地确保按照我国自己的标准来利用和处理信息。

其次，信息安全等级保护的标准中涉及的信息技术和软硬件设备，如安全管理、网络管理、端点安全、安全开发、安全网关、应用安全、数据安全、身份与访问安全、安全业务等都是我国信息系统自主可控发展不可或缺的核心，而这些技术与设备大多是我国的企业自主研发和生产的，这也进一步使我国信息安全的自主可控成为可能。

🖥 训练任务

请检索并学习《中华人民共和国网络安全法》。

任务三　信息伦理与职业行为自律

现代信息技术的深入发展和广泛应用，深刻改变着人们的工作方式和社会交往方式，深刻影响着人们的思维方式、价值观念和道德行为。信息技术虽然对实现美好生活起着越来越重要的作用，但是也使社会出现了一些伦理、道德问题。

📱 任务描述

本任务具体讨论信息伦理与职业行为自律的问题。

📖 任务解析

（1）了解信息伦理的具体内容。
（2）了解日常行为自律、职业行为自律的要求。
（3）了解信息相关法律法规和信息社会责任。

🖊 必备知识

🍎 一、信息伦理

▥ 1. 个人信息道德（主观方面）

个人信息道德指人类个体在信息活动中，表现出来的道德观念、情感、行为和品质。例如，知识产权问题，人们在网络上下载各种资料，要注意尊重他人的知识成果，不能剽窃和仿冒他人的研究成果，在引用他人的研究成果时，应该指明出处等。

▥ 2. 社会信息道德（客观方面）

社会信息道德指社会信息活动中人与人之间的关系，以及反映这种关系的行为准则与规范。例如，网络社会中诚信缺失问题比较突出。造成这一问题的原因主要是因为网络具有数字化、虚拟化、开放性等特点，在网络上，人与人之间的交流呈现符号化、跨地域、隐匿性等特征，这使网络人际交往进入一个互不熟识、缺少监督的"陌生人社会"，从而使一些人放松或忽视了诚信自律，做出失信行为。又如，从利益驱动层面看，少数门户网站、自媒体重经济效益轻社会效益，为最大程度获取经济利益而不惜当"标题党"，甚至传递虚假信息，恶意透支社会信用。

▥ 3. 信息道德意识

信息道德意识包括与信息相关的道德观念、道德情感、道德意志、道德信念、道德理想等。它是信息道德行为的深层心理动因，集中体现在信息道德原则、规范和范畴之中。例如，新一代信息技术，尤其是人工智能技术，必须是安全、可靠、可控的，要确保民族、国家、企业和各类组织的信息安全，用户的隐私安全及与此相关的政治、经济、文化安全。

4. 信息道德关系

信息道德关系包括个人与个人的关系、个人与组织的关系、组织与组织的关系。这种关系建立在一定的权利和义务的基础上，并以一定的信息道德规范形式表现出来。例如，联机网络条件下的资源共享，网络成员既有共享网上资源的权利(尽管有级次之分)，也要承担相应的义务，遵循网络的管理规则。成员之间的关系是通过大家共同认同的信息道德规范和准则维系的。重要公共场所安装高清摄像头，配置人脸识别技术，可以有效维护、巩固和增进以诚信为基础的主流伦理道德。

5. 信息道德活动

信息道德活动包括信息道德行为、信息道德评价、信息道德教育和信息道德修养等，主要体现在信息道德实践中。信息道德行为是根据人们在信息交流中所采取的有意识的、经过选择的行动。根据一定的信息道德规范对人们的信息行为进行善恶判断即为信息道德评价。按一定的信息道德理想对人的品质和性格进行陶冶就是信息道德教育。信息道德修养则是人们对自己的信息意识和信息行为的自我解剖、自我改造。

二、日常行为自律

1. 抵制非法网络公关行为

近年来，有些人受雇于某些网络公关公司，为他人发帖、回帖、造势，形成所谓的"网络水军"，另外还出现了"网络推手""灌水公司""删帖公司""投票公司""代骂公司"等形式的非法机构及个人，通过网络手段进行非法公关行为。

非法网络公关行为肆意侵犯公民的知情权，引发互联网信任危机，破坏社会的诚信文明。对此要予以谴责，从业单位和广大网民要共同抵制这些非法行为。

2. 尊重知识产权

由于网络环境过于开放，免费获取所有信息的方式正在使知识变得廉价，限制了知识的正常发展，也反过来降低了网络信息的质量。

在传统的知识传播途径中，人们非常注重对原创者的保护，版权、版税、合约等相关问题都有具体而明确的规范。因此，对传统知识的尊重也应延伸到网络，应保护网络知识产权。

3. 加强个人信息保护

对网络隐私权的侵犯主要表现在：非法获取、传输、利用用户的个人资料，非法侵入用户的私人空间，干扰用户私人活动，非法买卖个人信息，破坏用户个人网络生活的安宁和秩序等方面。对此，我国于2021年11月1日起施行《中华人民共和国个人信息保护法》，确立了以"告知—同意"为核心的个人信息处理系列规则，明确了国家机关对个人信息的保护义务，全面加强了对个人信息的法律保护。

4. 识别诈骗信息

近年来，以电信网络诈骗为代表的新型网络违法犯罪时有发生，贷款诈骗、刷单诈骗、冒充客服诈骗等案件多发高发，严重危害人民群众的财产安全和合法权益。为此，国家反诈中心组建工作专班，开展集群战役，实施集中打击整治。

2021年2月1日，国家反诈中心正式入驻人民日报客户端、微信视频号、新浪微博、抖音、快手5家新媒体平台，开通官方政务号。

2021年6月17日，公安部推出了国家反诈中心App和反诈宣传手册。

5. 遵守保密要求

为了做好网络信息日常保密工作，要注意以下几个方面：计算机离开即锁屏；涉密文件不得随意保存；涉密文件不得私自留存；涉密文件不得随意打印；涉密文件不得带到个人住所中处理；涉密文件不得通过普通邮政、快递等方式邮寄；涉密计算机不得与任何网络相连接，不得连接使用任何具有无线功能的信息设备；涉密介质、敏感信息介质不能直接与互联网或其他公共信息网的计算机相连接；一般工作介质不得与涉密计算机相连接；手机的使用要遵守保密原则。

6. 提高自我约束能力

人们要正确对待网络虚拟世界，合理使用互联网，增强对不良信息的辨别能力，主动拒绝不良信息。作为大学生，应不浏览、不制作、不传播不良信息，不浏览不健康网站，不玩不良网络游戏，防止网络沉迷，自觉抵制网络不良信息。

7. 要防止网络沉迷

未成年人、大学生甚至成年人沉迷于网络的事情时有发生，这也使一些人成绩下降、工作懈怠，严重者甚至走上了违法犯罪的道路。尤其是因未成年人沉迷网络直播和短视频平台，而产生无法追回的巨额消费，对家庭造成严重财产损失的新闻也屡见不鲜。

为此，教育部等六部门 2021 年 10 月 29 日发布的《关于进一步加强预防中小学生沉迷网络游戏管理工作的通知》中提道："严格落实网络游戏用户账号实名注册和登录要求。所有网络游戏用户提交的实名注册信息，必须通过国家新闻出版署网络游戏防沉迷实名验证系统验证。验证为未成年人的用户，必须纳入统一的网络游戏防沉迷管理。网络游戏企业可在周五、周六、周日和法定节假日每日 20 时至 21 时，向中小学生提供 1 小时网络游戏服务，其他时间不得以任何形式向中小学生提供网络游戏服务。"

三、职业行为自律

1. 良好的职业态度

互联网行业是一个充满年轻气息、活力与激情的行业，在从业过程中，人们不仅要自主创新知识更新，也要大力提倡文明与诚信，培育良好的职业态度。

(1)避免急功近利，要讲道德与诚信。因为互联网行业的虚拟性、技术的专业性强，使其价格没有固定的行业标准。

(2)避免欺骗用户。如利用信息的不对称，夸大宣传外国的品牌、将高科技神化来欺骗国内的用户。

(3)要有合同意识、信守承诺。互联网公司为客户服务，也要签订合同，信守合同。

(4)要诚实宣传产品。在推销公司产品时，不能夸大产品的功能和特点，夸大产品给客户带来的回报。

(5)不能巧立名目欺骗客户。如不能把本应给客户提供的服务分离出来、变化新花样，以此来谋取更多的利润。

(6)要做好售后服务，并保证质量。不能出现售后服务"闲时有、忙时差"的状况。

2. 端正的职业操守

职业操守是人们在职业活动中所遵守的行为规范的总和。它既是对从业人员在职业活动中的行为要求，又是对社会所承担的道德、责任和义务。一个人无论从事何种职业，都必须具备良好的职业操守，否则将一事无成。端正的职业操守如下。

(1)诚信的价值观：在工作中要守法诚信，这种价值观体现在员工的言行中。

（2）遵守公司法规：即遵守与公司业务有关的法律法规。

（3）确保资产安全：包括公司电话、设备、办公用品、专有的知识产权、技术资料等。

（4）诚实制作报告：要诚实制作工作记录、述职报告或报销票据等工作中产生的信息。

3. 维护企业的商业秘密

商业秘密是指不能从公开渠道直接获取的，能为权利人带来经济利益、具有实用性的，并经权利人采取保密措施的信息。通常，商业秘密能为企业带来较大的经济效益，对企业发展具有非常重要的作用。

一般来说，企业可以根据法律规定或双方约定，限制并禁止员工在本单位任职期间同时兼职于业务竞争单位，因为员工在本单位任职期间，其工作权、生存权已有保障；企业也可以根据法律规定或双方约定，限制并禁止员工离职后在与原单位有竞争关系或其他利害关系的其他单位任职，因为这很可能会侵犯原企业的商业秘密。

4. 规避产生个人不良记录

人们要警惕以下细节可能会产生个人不良记录：信用卡持卡人出现连续多次逾期还款、拖欠电费、网购恶意差评、实名手机欠费、春运抢票刷单、学历学籍造假等。

 ## 四、信息相关法规与信息社会责任

1. 信息相关法规

随着网络普及与发展，我国与网络相关法律法规及相关的规范性文件在不断修改与完善，建立健康安全的网络环境是每个网民的义务，人们要在网络生活中积极履行自己的义务，严格遵守网络安全法律法规，共建和谐网络环境。以下是涉及信息安全的部分法律法规：《中华人民共和国网络安全法》《中华人民共和国保守国家秘密法》《中华人民共和国国家安全法》《中华人民共和国个人信息保护法》《中华人民共和国电子签名法》《计算机信息系统国际联网保密管理规定》《非经营性互联网信息服务备案管理办法》《计算机信息网络国际联网安全保护管理办法》《中华人民共和国计算机信息系统安全保护条例》等。

2. 信息社会责任

（1）企业需要履行社会责任。

互联网企业是网络信息服务提供者，对互联网信息内容管理负有主体责任。保障信息安全、规范传播秩序、维护良好生态、携手共建清朗网络空间，是互联网企业社会责任的直接表现。互联网企业要依法加强网络空间治理，加强网络内容建设，保护用户个人信息，保障网络信息安全，保护未成年人健康成长。

（2）个人也要履行信息社会责任。

2006年4月，中国互联网协会发布《文明上网自律公约》，号召互联网从业者和广大网民从自身做起，在以积极态度促进互联网健康发展的同时，承担起应负的社会责任，始终把国家和公众利益放在首位，坚持文明办网，文明上网。公约全文如下。

自觉遵纪守法，倡导社会公德，促进绿色网络建设；

提倡先进文化，摒弃消极颓废，促进网络文明健康；

提倡自主创新，摒弃盗版剽窃，促进网络应用繁荣；

提倡互相尊重，摒弃造谣诽谤，促进网络和谐共处；

提倡诚实守信，摒弃弄虚作假，促进网络安全可信；

提倡社会关爱，摒弃低俗沉迷，促进少年健康成长；

提倡公平竞争，摒弃尔虞我诈，促进网络百花齐放；

提倡人人受益，消除数字鸿沟，促进信息资源共享。

3. 中国网络文明大会

2021 年 11 月 19 日，以"汇聚向上向善力量，携手建设网络文明"为主题的首届中国网络文明大会在北京国家会议中心举办。习近平总书记向首届中国网络文明大会致贺信，信中说到：网络文明是新形势下社会文明的重要内容，是建设网络强国的重要领域。

训练任务

请检索并学习《中华人民共和国个人信息保护法》。

思政园地

数据安全法：为数字美好生活上把"安全锁"

随着信息技术和生产生活水乳交融，"数据海洋"成为我们无时无刻所沉浸环境的形象描述，如何提升全社会的"数据安全感"已成为当前重大关注。近年来，立法机关以高度政治意识按下信息技术立法"加速键"，网络安全法、数据安全法、个人信息保护法等组成一道闪耀着信息科技高光的亮丽风景线。其中，于 2021 年 9 月 1 日起施行的《中华人民共和国数据安全法》就是一道强有力的"防火墙"。

数据安全制度是完善数据治理体系的"制度基石"。法律建立健全国家数据安全管理制度，建立数据分级管理制度；建立集中统一、高效权威的数据安全风险评估、报告、信息共享、监测预警机制；建立数据安全应急处置机制，有效应对和处置数据安全事件；确立数据安全审查制度和出口管制制度等。

为强化各方面数据安全保护义务，法律明确规定开展数据活动的组织、个人的主体责任，必须遵守法律法规，尊重社会公德和伦理；应当按照规定建立健全全流程数据安全管理制度；应当加强数据安全风险监测、定期开展风险评估，及时处置数据安全事件等，为数据安全"无死角"围好篱笆。

发展与安全是数据治理的一体两面。法律设专章围绕"数据安全与发展"做出规定，提升数据安全治理和数据开发利用水平，促进以数据为关键要素的数字经济发展。如实施大数据战略、推进相关标准体系建设、培育数据交易市场等。

数据被形容为"21 世纪的石油和钻石矿"。这类新型生产要素交织着个体权利、商业价值、产业发展、公共利益、国家安全等诸多因素，是国家基础性战略资源。因此数据安全不仅是国家安全的重要维度，还是维护人民群众合法权益的客观需要，是促进数字经济健康发展的重要举措。这就不难理解数据安全法既是促进利用之法，也是权利保护之法，是护航发展之法，还是权力规制之法。以数据安全法为代表的信息技术类立法，勾勒出了以促进资源开发利用，保护个人、组织的合法权益，维护国家主权、安全和发展利益为导向的立法蓝图，在准确把握党和国家政策导向、根植社会发展实际阶段、平衡好各方诉求和价值目标的"天平"中，有效提升数据治理能力和治理效能。数据安全法以数据领域的基础性法律为定位，确立了数据安全保护管理各项基本制度，有效填补了我国数据安全保护领域的法律空白。

通过数据安全法唤醒尊重和保护的意识，培育全社会共同维护数据安全和促进发展的良好环境，从而促进"数字社会"向着更文明、更先进、更现代、更宜居的方向发展，才是数据安全法等信息技术类立法更值得我们期待的远大目标和深远价值，也是法律的"正确打开方式"。

（资料来源：《中国人大》杂志，2022 年第 2 期，有改动）

▇‖ 项目考核 ‖▇

✎ 填空题

1. 信息素养这一概念最早被提出是在_____年。

2. 信息安全的核心是要保证信息的_____、_____和_____。

3. _____是指与开展信息获取、评价、利用等活动所需要的知识。

4. _____是指在信息的获取、整理、加工、存储、传递、表达和应用过程中所采用的方法。

📖 选择题

1. 下列不属于信息素养主要要素的是(　　)。

A. 信息意识　　　B. 信息知识　　　C. 信息伦理　　　D. 信息检索

2. 信息技术从产生到现在共经历了(　　)次变革。

A. 3　　　　　　B. 4　　　　　　C. 5　　　　　　D. 6

3. 下列有关日常行为自律的说法，正确的是(　　)。

A. 可以任意转发他人的文章　　　B. 在网站上任意录入个人信息

C. 大学生应主动拒绝不良信息　　　D. 可以为网店刷单

[1]江兆银，林治．信息技术及应用[M]．北京：人民邮电出版社，2020.
[2]陈明，潘杰，付红珍．计算机应用基础[M]．北京：清华大学出版社，2019.
[3]徐洪祥，郑桂昌．新一代信息技术[M]．北京：清华大学出版社，2021.
[4]杨桂，柏世兵．信息技术基础[M]．5版．大连：大连理工大学出版社，2022.
[5]陈万钧，吴秀英．新一代信息技术[M]．北京：电子工业出版社，2021.